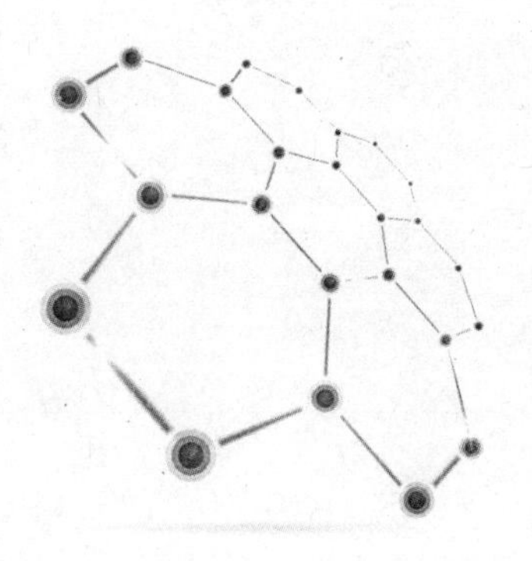

# 忘记达尔文

# DIMENTICARE DARWIN

## 蝇马因何而异

〔意〕朱瑟佩·赛蒙笛（Giuseppe Sermonti）著

徐洪河 译

中央编译出版社
CCTP Central Compilation & Translation Press

**图书在版编目（CIP）数据**

忘记达尔文：蝇马因何而异／（意）朱瑟佩·赛蒙笛著；徐洪河译. 中央编译出版社，2017.1

ISBN 978-7-5117-3208-8

Ⅰ. ①忘… Ⅱ. ①朱… ②徐… Ⅲ. ①生物学-普及读物 Ⅳ. ①Q-49

中国版本图书馆 CIP 数据核字（2016）第 311653 号

Dimenticare Darwin.Perché la mosca non è un cavallo?



**忘记达尔文：蝇马因何而异**

---

**出 版 人：**葛海彦
**出版统筹：**贾宇琰
**责任编辑：**苗永姝
**责任印制：**尹 珺
**出版发行：**中央编译出版社
**地 址：**北京西城区车公庄大街乙 5 号鸿儒大厦 B 座（100044）
**电 话：**（010）52612345（总编室） （010）52612335（编辑室）
（010）52612316（发行部） （010）52612317（网络销售）
（010）52612346（馆配部） （010）55626985（读者服务部）
**传 真：**（010）66515838
**经 销：**全国新华书店
**印 刷：**北京时捷印刷有限公司
**开 本：**787 毫米×1092 毫米 1/16
**字 数：**134 千字
**印 张：**10.5
**版 次：**2017 年 1 月第 1 版第 1 次印刷
**定 价：**36.00 元

---

**网 址：**www.cctphome.com **邮 箱：**cctp@ cctphome.com
**新浪微博：**@ 中央编译出版社 **微 信：**中央编译出版社（ID：cctphome）
**淘宝店铺：**中央编译出版社直销店（http：//shop108367160.taobao.com） （010）52612349

---

凡有印装质量问题，本社负责调换。电话：（010）55626985

# 目　录

# 作者的话

得知该书即将印出中文版时，本书原作者朱瑟佩·赛蒙笛（Giuseppe Sermonti）专门发来邮件，对本书的简介作了补充。

“进化论者”与“创造论者”之间的争执旷日持久，本书并不想卷入这样的争执之中。实际上，进化论者们并不把创造论视为真正的科学，而创造论者视进化论为一种不可能发生的数字游戏。

在达尔文的《物种起源》中，“进化论”这个术语并未采用，这的确让人觉得惊奇。如此说来，关于进化论这种悖论又该如何解读呢？

似乎不得不采取一种激进的看法，即，进化理论所谓的创立者本身并不相信进化。从字面上来说，“进化”意味着发展出一套程序化的规则。而达尔文却从不认同这种看法，只是大肆强调了“偶然性”的概念，而拉马克则强调了“获得性状遗传”的观点。换言之，达尔文并不是达尔文主义者。

# 致 谢

通常，一本书在这部分内容中都会表达感激之情，常见的情况就是对各种恩惠的感谢，以及读者并不会感兴趣的各种形式的谦恭之辞。然而，我要在这里历数一下我的若干经历、参加的会议，以及这本书给我带来的许多友情。

1980 年，笔者与方迪（R.Fondi）完成了《达尔文之后》（*Dopo Darwin*）一书，这本书使我成为一名与我本性相违背的游侠，书籍出版后几轮热烈的交流探讨并没有让我学到什么，之后我开始从事两项我以前从未想过的活动。这些活动改变了我作为一名科学工作者的思维方式，使我远离了我所反感的各种蠢事、谋算以及墨守成规。1979 年，我被斯比托（Aldo Spirito）推选为《生物学评论》（*Rivista di Biologia*）杂志（创建于 1919 年）主编。编辑是令人愉快的工作，能够使人接触到其他人的思想，并有机会探讨这些想法，开诚布公地进行公平、理性的交流。

在《生物学评论》的作者中，我认识了杰出的瑞典遗传学家索伦恩·罗楚朴（Soren Lovtrup），正是他带领我进入了实验胚胎学领域；也认识了和蔼的日本籍鳞翅目昆虫专家柴古笃弘（Atsuhiro Sibatani），他后来成了京都大学的校长，他为我解释了东方生物学的研究状况。罗楚朴和柴古笃弘都是我的副主编和顾问，前者为我引见了革瑞·韦伯斯特（Gerry Webster）和布莱恩·古德温（Brian Goodwin），他们都与《生物学评论》杂志合作过，我也为出版社编撰过关于生物形式的图书（1988 年出版）。1986 年，柴古笃弘在大阪组织了一次关于生物学中的结构主义的国际会议，会议吸引了许多反对新达尔文主义的顶尖人物，我得到了与他们会晤的机会。

在大阪我遇到了澳大利亚的系统分类学者休·彼得森（Hugh Paterson），法国数学家热内·托姆（René Thom）（我们后来成了好朋友），杰出的华裔英籍女士何美宛（Mae-Wan Ho），新西兰的大卫·兰博特（David Lambert），日本人大野乾（Susumu Ohno），意大利帕维亚人弗朗科·舒多（Franco Scudo）。这些人思维迥异，从事各种工作，秉持各样观点，和他们的交往丰富了我的知识储备，这些知识也完全渗透到了本书中。柴古笃弘教我懂得了遗传密码的独断本质，韦伯斯特和古德温为我介绍了繁育的范例，带我进入了显性遗传的领域。通过彼得森我还懂得了大众认可体系下的物种概念，通过托姆我注意到了形式驱动着物种朝向其自身发展的思想。何美宛让我学到干涉系统和液晶，大野乾向我介绍了 DNA 的天籁之音，兰博特帮助我戳穿了英国灰蛾的谎言，舒多教会我在达尔文及其后来的追随者之间作出分辨。

参与日本会议的人们在 1978 年还组成了开放的大阪研究团队，我在那时已经开始从事《生物学评论》杂志的编辑工作。该团队后来相继在布拉格、康沃尔（英国）、莫斯科、墨西哥、波茨坦、法兰克福等地聚集。在康沃尔我见到了泰迪·戈德史密斯（Teddy Goldsmith），通过他我了解到需要将生态问题提升到道德的层面。在莫斯科，我遇到了毕罗索夫（Lev Beloussov），他是俄罗斯形态学领域的代表，曾一直受苏联的迫害，也一直被西方所忽视。自 1991 年起，大阪团队的意大利分部每两年聚会一次（分别在热那亚、都灵、锡耶纳、米兰以及佩鲁贾），我被任命主持会议，会议的参与者都是意大利一些重要的生物学者——其中许多人最初的观点都与我相左。另外，对于生物物理学家伦佐·莫尔基奥（Renzo Morchio）、植物学家西尔瓦诺·斯堪里尼（Silvano Scannerini）、物理学家古李阿诺·普里派塔（Giuliano Preparata）和埃米李诺·古迪斯（Emilio Del Giudice）、动物学家米歇尔·莎拉（Michele Sara），我在这里也要向他们表示感谢。

戈德史密斯所给予的亲密支持以及与探索研究所的意外遭遇促成了本书的英文译本，翻译工作是由布伦丹·怀特（Brendan White）完成的。我还要专门感谢乔纳森·威尔斯（Jonathan Wells），他耐心细致地对本书的文字进行了最后的编辑，而我本应对此负责。我还要向我的老朋友们致歉，本书在提及他们见解的时候难免造成误解或疏漏。

我要对我的妻子伊莎贝拉·斯帕达（Isabella Spada）表示特别感谢，我曾和她详细地讨论过这本书。同样还要感谢我的助手，佩鲁贾的伊莎贝拉·博格赛（Isabella Borghesi），她帮助我编辑了最后的手稿；安娜·波提斯（Anna Petris）对部分章节进行了检查。

# 序："进化已死"

1982 年春，我受邀赴梵蒂冈花园碧岳四世展览馆（Pius IV Pavilion）参加宗座科学院（Pontifical Academy of Sciences）的一次会议，主题是灵长类的演化。在会议闭幕时，几乎每位与会人员都觉得应该得出一些结论，南非古生物学者菲利浦·托拜斯（Phillip Tobias）提议，将人类以及灵长类起源问题纳入进化论之中。法国细胞学者杰罗姆·勒琼（Jerome Lejeune）反驳道："根本就没有进化论！"会议上没有人表示异议，于是这次会议就以一种极其睿智的声明定下了结论：证据表明，对人类和其他灵长类支系后裔的概念应用已不值得继续争论。

进化论从来就没有成为一种真正的"科学理论"，"支系后裔"只是在以一种托辞的方式表明生物之间的远古关系，然而进化是关于物种得以形成和发生分化的方式与机制，比如说，探讨从阿米巴变形虫到大象，从细菌到人类，或者按照当前流行的说法，从分子到人的种种变化。今天我们对进化概念的界定不得不查阅各种词典。《韦氏词典》中的解释是："进化是一种连续变化的过程，从低等、简单或恶劣的状态变成高等、复杂或优越的状态。其他词典均很典型地提及了进化，即，基于多种因素而发生的一种持续过程：生物通过缓慢、渐进的变化从原始低等的类型转变为复杂性越发增加的形式。

进化论与其说是一种理论，还不如说是一种范例或方法论。以目前支持者的观点来看，进化的重要方面在于，它是自然发生的。对于那种连续发生、没有间断，逐渐并一直在改善众生的过程，进化理论的一部分支持者并没有多大兴趣，还有一部分人甚至认为这个过程与进化论无关。

实际上，关于进化，目前所有可预见的自然原因要么很落伍，要么很保守，没有一样能够为从简单到复杂、从低等到高等的变化提供保证。这当中还暧昧地承诺了进步的变化，同样的词语总是笨拙地不断重复，尽管经验主义的观察摒除了渐进的变化，或者说至少未能明确渐进的发生，然而渐进主义的影响却在越发强大。

将唯物主义引入生物学中的基本观点是热力学第二定律，即熵的原理。根据该定律，任何封闭的（即隔离的）系统均倾向于保持稳定和平衡，就像是一座历经沧桑的沙质城堡随着时间的流逝，永远都不可能再次出现。关于热力学第二定律的另一种表述是，一个封闭的系统在相同的状态中绝不会经历两次。事实上，术语“熵”的确切意思就是“演化”，它肯定了物质世界总是会趋向于无序——这与生物学者极力宣讲的“进化”含义刚好相反。

莫诺[①]相信熵进入生物进化中将是不可逆转的，进化无法重蹈覆辙。尽管熵摒除了复杂性，瓦解了沙质城堡，然而莫诺却利用诡辩回避了这个问题。他争辩说，熵的原理是一种统计学的法则，因此，似无必要排除这样一种可能性，即对于熵这座大山，宏观系统——在极短暂的时间内，在可以忽略不计的瞬间中——可以从背后爬上它的一段微小斜

---

① 莫诺（Jacques Monod，1910—1976），法国生物化学家，1965年曾获诺贝尔生理学和医学奖。本书脚注均为译者注，特此说明。

坡。如果大自然具有一些安置好了的机械装置，靠这些装置能够捕获并固定住那些罕见、令人费解的向上攀爬运动，那么，就有可能从简单缔造出复杂、从无序发展为有序，风中的沙滩上也就能够自发地产生沙质城堡了。

对于莫诺来说，这样的机械装置就是不断积累的自然选择。然而，如果要利用风力吹起的一粒粒沙子来建造一座沙质城堡（细菌远远比沙质城堡要复杂得多），事先就需要城堡的蓝图。只有这样才能目睹一粒粒罕见又幸运的沙子会跑到正确的位置上去，同时，还需要某种体系来保护逐渐成形的大厦不至于倾斜倒塌。

其他权威人士对于生命向上运动这种似是而非的道理也进行过争辩，提出必须使生物保持在非隔离的系统中，驱动来自环境的能量，用以抗拒熵的原理。达尔文或许已经对此作出辩解了，然而这种辩解并不能持续多久，后来取而代之的新达尔文主义肯定了分子生物学中所谓的中心法则。其原理告诉我们，遗传物质的载体 DNA 处于完全隔离的状态中，DNA 我行我素，来自环境的压力或生物体的吸引都影响不到它。

自然选择或许可以理解为一种能够解决物种生存问题的机制。然而，如果说，自然选择产生了生命，创造了生命的本质、类型以及秩序，这种宣传只会让我们哑口无言。自然选择所作的只是淘汰，其所囊括的生命起源机制就像是利用“事物的消失”来解释“事物的出现”一样。如果一种语言在一年之内多次消亡，这难道能解释成多种语言的诞生吗？在这第三个千年之中，有望追溯一下 20 世纪关于进化论的一些疯狂幻想，分子生物学杰出的众位奠基人也曾沉醉于这莫大的玩笑中，无法自拔。分子生物学众位奠基者信奉新达尔文主义，这种理论就像是说《伊利亚特》的文字完全是偶然形成的，一个字一个字，偶尔完成一步，从一些低等“生物”，即少数的词语、成语中，最终居然就成形了。

对自然选择（更准确地说应该是“差异的生存”）并没有什么值得怀疑，也没有人否定过它。无须深入探讨这个主题，我们就能明白自然选择淘汰了那些异常的、边缘的、遭禁止了的生物，使自然的居群保持正常。然而，这很明显是一种严格监管的角色。目前已有关于稳定化选择的探讨，即保护物种不至于被边缘化：当环境条件改变时，那些最能适应者被选择作用赋予了特权吗？如果一个物种背离了其自身基本的主旨，那么，只会造成这个物种的牺牲，目前还没有人会把这种制度化的牺牲当作是革新生命的方式。如今，有一种正在获得广泛支持的观点，即物种起源的主要机制是隔离，无论是地理上、生态上还是生殖上的隔离，这其中，自然选择所占的成分已经很小了——如果说还涉及选择的话。

在这种情况下，通过性行为才有的各种性状的混杂是出众的保守方式。它与隔离完全对立，促成着居群后裔中基因资源的不断交换。它剔除了各种边缘化的偏差，将其重新混入正常之列，或者干脆拒之门外。然而，有时候性行为因具有组合能力而被当作发生变异的法宝，这种组合允许发生一定数量的变异，也能产生最大数量的革新，甚至缔造出某种奥运会冠军来。与这种看待问题的方式相伴的想法是，每个基因对应一种性状特征，组合的基因就会具有累积性状的效果。然而，基因和性状之间的关系被证明是异常复杂而且难以说清楚的，变异并不只是纽扣上的插花。老规矩依然是有效的，即，想要做到隔离，最好根本就不要将各种东西混合起来。

变异似乎成了进化的主要来源，甚至生命都被定义为在变异中繁衍后代。实际上，在野生动植物中，形态上的变异完全是相当罕见的，当教科书讨论到变异时，给出的插图通常都是短腿安康羊[①]，白化病婴儿，以及矮小的植物。然而，很显然，这些都是人为协助发生的变异，因为自然界是绝对容不下他们的。从分子的观点来看，变异是一种退化现象，是 DNA 复制错误，也是熵的原理在遗传资源上体现的结果。遗传密码的冗余以及许多氨基酸之间的相互交换使大量变异相对于表现型来说都是“中性的”。细胞具有各种阻止变异的防御机制（比如对酶的修复和“看管”），生物的居群也具有淘汰突变体的方法（如性选择）。假如没有这些防御机制，变异立即就会破坏全部的遗传资源。所有情况中变异的效果都是破坏性的。如果说盲目的变异就是这个世界的强劲法则，并依赖着显见而又幸运的错误，这实在是拙劣的说法。事实上，达尔文的进化论所需要的种种反常规行为从来就没有被证实过，上述说法与事实相去甚远。

现在我已经尽我所能地作了清楚的表述，被用来解释进化论的诸多分子上的机制在根本上要么很落伍，要么很守旧。我想强调另外一种观点：现代分子生物学中的进化理论是通过各种机制拼合在一起的，这些机制极少考虑事实，也极少考虑生命及其在历史中出现的各种形式。分子革命充满着对自然观察结果的漠视以及对生命形式的蔑视。考虑到任何事情都应该会偶然发生，因此，进化论就能够通过任何途径，经由那些与我们熟知范畴中完全不同的生物得以发生。生命形成中真实的故事以及生命趋于复杂的进程似乎都是可以轻描淡写的。

---

① 1791 年，在美国新英格兰的一户农民家的羊群里，发现了一只背长、腿短且略弯曲的雄绵羊。由于腿短，它跳不过羊圈篱笆，因而易于圈养。经过精心选育，一个新的绵羊品种——安康羊（Ancon sheep）产生了。达尔文对此很感兴趣，曾将该例收录在他的著作《动物和植物在家养下的变异》一书中。但安康羊在 1870 年左右绝种了。这种短腿羊，最初是在其亲代生殖细胞基因中发生变异而导致。大约在 1920 年，挪威一户农民的羊群里，又突然出现了一只短腿羊，这是因为又发生了一次基因突变。由此重新育成了一个短腿绵羊的新品种。

"假如生命的历史重新来过，我们还会有同样的物种吗？"对于这个问题，前卫的进化论者回答道："当然不会！"如果真的是这样的话，他对于化石、动物群以及动物还能是什么兴趣呢？

分子生物学已经为抽象的"生命"、可能的生命以及生命的各种模式培植出了极大的热情，这些模式可以违背任何特定的生命形式[①]，生命形式有权成为其目前的样子。而根据新达尔文主义，生命形式没有这种权利，因为生命形式或许已经成为其不应该或根本不存在的样子了。如果根据分子进化的理论，狮子、苍蝇、柏树、雏菊，当然，还有人类，这些可能从来就没有存在过，事实上也不应该存在。不要去询问这些生命形式是怎样就出现了，这是一个古老的问题，19 世纪的博物学家们就提出这个问题了，只是如今的问题已经被转移到机械装置及其运用方面去了。分子生物学者所拥有的最大渴望莫过于在试管里合成出生命来，或是至少按照他们的喜好对生命进行篡改，由此成为"基因造物主"，而绝非对自然之美作出深沉的观察和思考。

1998 年 10 月号《新科学家》杂志的封面文章是《进化已死》。然而相关文章几乎都没有提及进化，只提到了铸造人类的遗传工程。在该文中，一位名不见经传的斯多克博士宣称："科技将取代进化，很快这样的时代就会到来。人类正在成为一种刻意计划的产物。"换句话说，一旦我们能够在试管里创造出超人，这难道还不能为物种可以通过自然和机械的手段单独形成提供足够的证据吗？这难道还不足以取缔有关生机论[②]或

① 形式（form），这个词在本书中大量出现，用在生物学中是对生命形式、形态的一种泛指。

② 生机论（vitalism），一种理论或学说，认为生命的过程来自或包含有一种非物质的生命原则，不能完全解释为物理和化学现象。

伟大钟表匠[1]的任何想法吗？让我们暂且忽略从无生命到微小海生动物的第一次悸动，这种神秘、不可预测、长达30亿年的自然历程；让我们暂且忘记缔造出了哺乳动物的各种形式，长达数百万年神秘的生命历史；让我们暂且搁置由新近的类人猿变成两足动物的不可能历程。换言之，让我们忘记进化，将荣耀归给实验室里炮制出来的物种，归给浮士德[2]式的超人，归给更加安全、更加快捷也更加高级地迈入科学的电脑程序。粗糙、浪费永恒劳力而且盲目的造物主已不再有什么可供传授的知识，生物工艺学者送走了那位荣耀了他自己并按照我们的形象造了他自己[3]的神明，就在他们因这个葬礼而欢呼庆祝的时候，他们也迎来了进化的葬礼。

2000年9月号的《新科学家》杂志强调道，“可怜、令人同情的进化论”在数十亿年中，作茧自缚，试图“从20个氨基酸和DNA的拼合以及仅有4个微不足道的化学代号构成的字母表中，创造出蛋白质”，人们“禁不住要为所发生的一切而悲伤”。

摆脱了神明笨拙的创造之后，分子生物学者们同样也丧失了将传统表述中人属（*Homo*）置于谱系顶端的自豪感。如果有一天蚂蚁完全控制了地球，最后一个残存的生物学者在他死去的那一刻，就会说：“这一切都甚好，清楚表明蚂蚁要比我们优越。”

---

① 伟大的钟表匠（Great Watchmaker），这是在西方基督教传统中对造物主的一种比喻的称呼。源于一种造物的论证，一只精美的手表不可能凭空产生，一定有一位钟表匠制造了它，同样，在规律运转着的宇宙背后必定也有一位创造了这一切的主宰，他就是最伟大的钟表匠。

② 浮士德（Faust），德国传说中的一个魔术师和炼金术士，他将灵魂卖给魔鬼，以换取力量和知识。

③ 《圣经·创世记》第1章第26节，神说：“我们要照着我们的形象，按着我们的样式造人……”人是按照神的形象被造，本书故意颠倒这种说法。

如果只考虑化石生物所见证的历史事实，我们就会发现，这些事件均与词典上进化的定义显著不同，这些事件在任何情况下都与进化的表述既不冲突也不支持，因为这些事实既不能证明也不能否定进化。单细胞生物在40亿年以前就形成了，那时地球本身才形成不久，人们会发现，趋于复杂性的进化在微生物身上完成了十分之九的历程。多细胞生物的出现只经历了短暂的时间，所有"类型"都在大约5亿年前出现，并无中间类型或先驱分子。同样，现代哺乳动物在古新世初期，几乎全部种类也发生了显著、爆炸性的增长。那种假定的连续性变化，即"缓慢、逐渐的过程"以及趋于复杂性改进的过程根本就无法证实。然而当前的理论拒绝解释有关生命的特定事实，因为它的大前提就是，这些事实缺乏理性、秩序或是"目的"，而且，无论事实怎样，都是不重要的……

当我们被告知生物全都是"有用的"，每根毛发，每个分子，也许这是唯一主张要尊重事实的地方，因为这就是自然选择所希望的。生物是丑陋的，或许也是令人讨厌的，然而却也是非常聪明的功利主义者。这种宣传在所有关于野生动植物的电视纪录片中都极为重要，有时在迷人的风景画面中往往相伴有完全忽略美感的解说，只是为了要表现一下动物的组织性与机会主义。荒谬的结果就是，与目的和意图相悖的理论为我们提供了一种终极而且很拟人化的"真实"，这真让人倒胃口。如此功利性展示的后果就是，内在的秩序、美感以及不受拘束的实际考量都完全变得模糊不清了。生命中所有的魅力和优雅，生命所迸发出的愉悦，意料之外的奇迹，以及充斥在这个被造世界中的一切和谐，这一切都被实证主义的科学抹杀了，只是因为实证主义科学所使用的词典不一样。

在与进化论的对峙中，我还有一定的保留，尽管如此，我已经被指责为一名“创造论者”，我并不是——如果你容许——我只想做一个受造的人[①]。

① 原文的宾语 creature 既有“人，生物”的意思，也有“受造物”的意思。

# 第一章　英雄赋予的灵感

现代生物学可以被认为创建于1688年（但是“生物学/biology”这个词最初是在19世纪由拉马克[1]率先采用的）。当年，意大利阿雷佐市的一名医生、生理学家以及诗人雷迪[2]证实了蛆虫并非从腐肉中生长出来，而是从苍蝇携带的卵中孵化出来。这些卵孵化出来的蛆虫进入肉中，肉开始腐烂，蛆虫最终发育成为苍蝇。死亡的恶臭，以及成群的蛆虫和苍蝇，这些对于诞生一门新的学科来说，似乎是个令人沮丧的开始。生物学的诞生源自最微小、面临死亡的生命，这些生命都曾是无关紧要而且卑微可鄙的，后来，科学却赋予了这门学科以尊严和自律。“所有的生命都来自卵”曾是这门新学科的口号，有了这个口号，卑贱的蛆虫以及讨厌的苍蝇才得以重新回到它们的阵营中来。

雷迪完成了一项非常简单的实验。他将几块鲜肉放在玻璃罐子里，一部分用多层纱布密封起来，另一部分则完全敞开。敞开罐子里面的肉很快就滋生了大量苍蝇，几天后涌现了大量蛆虫，还散发着腐臭的味

---

① 拉马克（Chevalier de Lamarck，1744—1829），法国博物学家，认为生物是由无生命之物演变出来的。后来经过高度的发展，而产生人类。他关于进化论的观点对达尔文的理论产生过一定影响。在遗传方面，他认为生物后天获得的性状可以遗传给后代，即获得性遗传。

② 雷迪（Francesco Redi，1626—1697），意大利医生、诗人，曾根据实验开创性地论证了蛆并不是自然形成的，而是由苍蝇产的卵形成的。

道，而封闭罐子中的肉却很长时间都没有什么变化。准确地说，这还不足以表明所有生物都自发地从己所出（雷迪本人怀疑瘿蝇就不是的）。这真是一个美丽的神话，一个关于清洁以及保鲜肉类良方的神话。最重要的是，这是一个通过研究不可见的微小个体来探求生命博大奥秘的实例。

跳蚤应该产自卵中而不是从垃圾堆里跳出来，为什么这种观点在当时就那么重要呢？生物学，差不多在字面上，应该起始于在自然界中寻找跳蚤，这个观点在当时也那么重要吗？问题的关键在于确定最小的生物是不是真的一点都不重要，甚至是否可以“自发”产生，不必获准就穿越了动物的生存阵线。问题的答案是否定的。

在雷迪退出舞台之后，蛆虫在动物界获得了一席之地，因为它们同鸟类、爬行类和鱼类一样，都是靠卵繁衍后代，当时人们对于女人和其他哺乳动物是否也一样具有卵（卵子）还不清楚。在 20 世纪，人们总算勉强承认了这些微小的虫子与高等动物服从相同的法则，必须予以重视，当时的科学家们开始从这些最为卑贱的生物身上认识它们的行为和结构的规律。从 20 世纪中期起，任何一个生物学家都已开始将注意力转到了微生物、病毒以及分子上面，为的就是获得尊重、认同以及基金资助，更不必说是为获得诺贝尔奖了。

差不多直到今天，自然发生的理论依然在生物学中各个“主要系统”之间争论不休。18 世纪的问题并不是探讨苍蝇是否来自无形的物质，而是生命是否起源于盲目、混乱、沸腾的分子，以及是否出于某种目的，即从混乱或因果律中发生。很长一段时间以来，支持这种混乱发生说法的人一直试图从试管中创造出生命来，因为如果生命来自混乱，那么，这就是能够发生的。然而，如果生命合乎规矩方圆，是有秩序的，那就不能在试管中通过随机组合分子的方式创造出来。

伴随着对自然发生观点种种新奇的驳斥之声，生物学不断向前挺进。

就在雷迪开始着手他自己任务的同时，荷兰代夫特市一名低调的零售商人列文虎克[①]正在运用玻璃镜片仔细观察各种液体——水滴、血液、精液。就像伽利略使用望远镜一样，列文虎克也得以一窥未知世界，很快，君主、帝王以及沙皇都纷纷弯下腰来观察这个世界。通过荷兰人的放大镜，大自然的秘密从不可预测的领域中开始浮现，生命栖居于大自然的任何细枝末节之处。从那时起，博物学家们开始只用一只眼睛[②]来观察大自然了。

雷迪的实验并没有为他在历史上留下太多的记载，就在雷迪进行实验后不久，列文虎克通过放大镜非常激动地从浸泡的植物中观察到了微小形式的动物，所谓的“浸液虫”[③] 正是源于此，后来，生物学中用原生动物取代了这个名字。值得注意的是，浸液虫似乎表明生物产生于混乱的事物，这与雷迪的观点是矛盾的，有谁能在浸液虫里发现卵呢？活着的生物都是由无机物“自发产生的”，这种说法再次获得支持。似乎需要一个更为强大的权威才能反驳这种观点，同时也为生物必定来自有生命之物这种原则提供鲜活的动力。

如果说现代生物学开始于雷迪之后的一个世纪，这种说法或许更加公平一些，当时（1765 年），伟大的斯巴兰札尼[④]进行了他的著名实验，用以驳斥浸液虫的自然发生理论。斯巴兰札尼生于意大利伊米利

---

① 列文虎克（Anton van Leeuwenhoek，1632—1723），一位热衷于磨制玻璃片的杂货铺商人，发明了显微镜，很多微生物都是他首先发现的。

② 早期的显微镜都只有一个镜筒。

③ 浸液虫（infusoria）是最初对原生动物的称呼，源于对植物的浸泡（infusion），后来专指生活在干草浸液中的微生物，如草履虫、轮虫之类。现仅指纤毛虫。

④ 斯巴兰札尼（Lazzaro Spallanzani，1729—1799），意大利人，利用实验方法论证生命不可能自然发生。

亚的斯坎迪亚诺，在博洛尼亚学习法律，然而他对科学很有兴趣，也正是在科学领域他不久之后取得了意外的成就，他加入圣秩（holy orders，即成为天主教的神职人员）后，在帕维亚教授逻辑学、宇宙哲学、希腊语以及后来的自然科学。他第一项工作是写了一封长信批评阿尔加洛蒂[1]对荷马的翻译，不过后来他的知名是因为发表了文章《与尼达姆和布丰所假定的系统发生论相关的若干显微观察》（意大利摩德纳，1765年）。

布丰[2]伯爵的思想富于推理和想象，他比斯巴兰札尼年长20岁，在年纪很轻时就被选入巴黎科学院，同时担任着皇家植物园的主要负责人。在雷迪实验过去100年之后，布丰仍大胆地坚持认为蛆虫、苍蝇、毛虫、跳蚤以及千足虫等都是从腐烂物中自然发生的。与雷迪不同的是，他并没有诉诸实验，他的相信源于他对于可能性的哲学思考，他将物种分为“高贵的”“次高贵的”以及“劣等的”，人类被置于高贵的物种中，理由是，人是独一无二而且永恒的，而马与猴子差不多，并不是非常高贵的。劣等生物是昆虫，昆虫尤其富于变化，自身也容易混淆，布丰强调昆虫是从黏土和腐烂物质中产生的。如今布丰被看作进化论的先驱之一，可是，实际上，他却在对科学有害的研究方法上开了先河，他使科学屈从于想象力，屈从于“可能是某物”，屈从于隐喻。布丰认为河马和大象都是在古时候从黏土中产生的，当时的地球沸腾着具有创造性的潜力，后来这些动物留下了让我们大为惊奇的大量骨骼化石。而不幸的昆虫却是地球的疮疖，专为死亡而诞生。这种最为大胆的推理将新生的生物学引入了中世纪的混乱概念以及亚里士多德的哲学中，而对于后二者重要的核心部分——宗教信条及严密逻辑性——却置

---

① 阿尔加洛蒂（Francesco Algarotti，1712—1764），意大利著名作家、作曲家。

② 布丰（George-Louis Buffon，1707—1788），法国生物学家，坚持创造论，认为不同种的生物，虽是分别被造，但因受到气候和营养的影响，也会导致遗传过程中发生某种有限度的进化。

之不理。

尼达姆（Turberville Needham）是一名英国牧师，相比起来，他总是进行着刻苦的观察和实验，他为自然发生这种哲学信条提供了实验性支持。

尼达姆将羊肉汤放在密封的罐子里，并用余烬加热足足有半小时，开始并没有观察到生命的迹象，可是过不多久，肉汤就变成了小动物们——浸液虫——沸腾的海洋，这只能解释为自然发生导致的结果。这里并没有单纯的推理，而是通过实验和观察来表明观点。

斯巴兰札尼重复了同样的实验，并延长了加热时间，尼达姆曾合理地回避这种做法，因为他担心过度浸泡或改变罐子里的空气会危及“自然发生力”的安全。对于尼达姆（同样也对于支持着他的布丰）来说，斯巴兰札尼已经完全破坏了生命的必要条件。但是，谁又知道，需要多少小时会破坏这些条件呢？实际上，对于一种先入为主的理论来说，实验只不过是一种欢庆的仪式罢了。斯巴兰札尼的理论是：“生命都源于有生命之物”，从他的实验中，他得出结论：具有“很小卵”的浸液虫能够忍受尼达姆实验中一定程度的高温。然而，并没有浸液虫卵这种东西，较正确的说法依旧是“生命都源于有生命之物”。

斯巴兰札尼对于动物受精的实验也非常有名。这位渊博的神父以蟾蜍和青蛙为工作对象。雌蛙一般会把卵产在黏稠的丝状物上，一次产的卵数量庞大，受精时雄蛙要伏在雌蛙的背上，前爪伸到雌蛙的前腋窝处扣紧雌蛙。雄性这种贴紧的受精方式有什么功能呢？同大多数学者一样，施旺麦丹[1]给出的解释是：这种方式可以使精液散播到卵的过程就像喷气式飞机的快速运动一样，起着加速的作用。然而，伟大的昆虫学

---

[1] 施旺麦丹（Jan Swammerdam，1637—1680），荷兰博物学家，对各种动物进行了精细的显微镜观察研究，特别是对昆虫的研究很有名。

家列奥米尔[1]却并没有发现这些，尽管他的助手曾宣称对雄性向后排出了一阵带状烟雾感到惊奇。列奥米尔的确具有创造性的思维，他为雄性青蛙穿上了光滑的丝质裤子后，再进行观察。然而，他依然没有观察到感兴趣的现象，于是他便得出了结论，即青蛙的四肢帮助完成了受精。

斯巴兰札尼更加认真地重复了列奥米尔的实验，他非常细心，甚至清楚地观察到了雄蛙抓住雌蛙时雄蛙光滑裤管上出现了水珠。如果水珠落到卵上，那么即使只有针尖般大小，那些卵都不会发生分裂和发育。斯巴兰札尼并没有什么创造性的解决方案，他继续在显微镜下观察这些小液珠，他居然发现了无数枚活跃的精子。尽管有些液珠被严重稀释了，可是却依然有效。他将这些精子分离出来，烘干，再加热到35℃，发现它们依然具有受精能力，只有用多层滤纸过滤，这些液珠才失去活力，然而，如果挤压滤纸，那些被挤压的液珠仍活力依旧。经过这些实验之后，斯巴兰札尼得出了难以置信的结论：精液中的微小动物对受精并无作用，蝌蚪早已在卵中事先形成了，精子没什么功能。斯巴兰札尼得出如此结论，或许是因为他发现，当精液被稀释到在显微镜下几乎什么都看不到的程度时，依然保持有受精能力，然而，更重要的还是基于他对那种生命之源的“有生命之物”深信不疑。

斯巴兰札尼之后又过了半个世纪，皮沃（Prévost）和杜玛（Dumas）重复进行了实验，得到了同样的结果。他们通过实验发现了卵的受精机制，并将这一成果归功于他们的杰出前辈，尽管斯巴兰札尼已经得到了证据，可实际上他并没有得出如上结论。在19世纪晚期，洛勃[2]提供的实验数据可能会让斯巴兰札尼感到欣喜，即，海胆的卵不

---

① 列奥米尔（René Réaumur，1683—1757），法国物理学家和动物学家。开始学法律，后来致力于科学研究。

② 洛勃（Jacques Loeb，1859—1924），德裔美国实验生物学家、生理学家。

必通过精子的帮助就能够发育（无性生殖）。没过几年（1910 年），巴蒂隆（Bataillon）用干燥钢针将青蛙的卵挑了出来，使青蛙也完成了无性生殖。

让我们再回到对自然发生的批驳上来。坚持自然发生理论的人们并没有放弃斗争只是因为斯巴兰札尼的浸液虫，而在斯巴兰札尼之后的 100 年，巴斯德[①]论证了即使是最小的细菌也不可能在肉汤里自然发生。巴斯德利用完全不可见的微生物重复了斯巴兰札尼的实验，巴斯德的对手们却并没有对曾使用过的瓶子进行彻底消毒，巴斯德于是非常彻底地完成了他的任务，他的工作后来为现代消毒方法、细菌培养以及微生物科学都奠定了基础。巴斯德相信，在普通的实验室条件下，生命不可能从无机物中产生，然而他依然给这个问题留了余地。他认为如果能够提供促进有机物分子失衡的条件，有机物就能够自我组织成为生命。他提出了他的想法，期待得到验证。然而，这却是永远都不可能得到证实的想法。

达尔文尽管非常佩服巴斯德，却对这位法国人否定了自然发生而感到遗憾。他曾在 1873 年写信给海克尔[②]时说："如果能够证明自然发生就好了，这对我们非常重要。"

那些继续坚持自然发生理论的人不再需要证明了。拉贺斯[③]在 1872 年版的《19 世纪大型综合词典》中宣称说，自然发生是一种"哲学上

① 巴斯德（Louis Pasteur，1822—1895），法国化学家和微生物学家，近代微生物学和免疫学创始人，发明了灭菌技术，否定了自然发生论，证明发酵或腐败现象是微生物的作用。

② 海克尔（Ernst H.Haeckel，1834—1919），德国动物学家。他以进化论为基础组织了整个形态学的研究，个体发育重复系统发育的所谓"重演论"就是他提出来的。他的思想对 19 世纪末生物学的发展产生很大影响。

③ 拉贺斯（Pierre Larousse，1817—1875），法国语法学家和百科全书专家，1852 年成立了以自己名字命名的出版社。

的必然性”，它并不以各种观察和明确表示不可能的实验为转移，唯一对该理论提出质疑的人是那些可怜的生理学家，他们“为教条的科学传统所蒙蔽”。如果我们按照卡尔·波普的规则[①]——现代认识论中已经采纳了这种规则——拉贺斯的说法就是对的。“至少在某种情况下，自然发生是会出现的”，即使寻遍了宇宙每个隐秘角落与缝隙，这种宣称都不可能通过实验方式驳倒，而拉贺斯的错误之处在于指责那些拒绝自然发生的人是被传统所蒙蔽，“教条的科学”传统是以亚里士多德为至高权威，正是这个传统坚持认为：至少有一部分生命是自然发生的，而且这也的确是一种哲学必然性。

只有一种方式可以驳斥自然发生理论，那就是注意到最简单的生物却具有天文级的复杂性，可能最小的生命形式都要求格外精细的结构，这些结构不可能通过偶然的事件组合来完成。然而，我们不得不等到20世纪的下半叶，直到那时才出现了相关证据。

雷迪当初完成了那个著名的关于蛆虫发生的实验，后来却又被置于退步的最前端，成为“为传统所蒙蔽”的人，那么究竟是什么启示了他、给予他灵感呢？答案肯定不是亚里士多德，也不是中世纪的传统，更不是流行的信仰，所有这些与自然发生思想密切相关的都不是。答案也不会是《圣经》，尽管《圣经》中曾在参孙的故事中提到来自狮子尸体中的蜜蜂。[②]

---

① 卡尔·波普（Karl Popper，1902—1994），英国哲学家，主要成就在认识论和科学哲学。考虑到很多科学学说无法提供绝对证明，如果满足了如下情况，就被认为是真实可靠的。即：在现有证据的基础上看来可能性最大的事态，或者与更多的事实或更令人信服的事实相一致（而不是与相互竞争的学说相一致）的事态。波普的建议划清了科学与非科学的界限：凡是理论上不能被反证的主张就不是科学。

② 《圣经》记载，以色列的大力士参孙（Samson）曾看见有蜜蜂和蜜在死狮之内，于是便从狮身中取了一些蜜吃了，后来他据此提出了一个谜语：“吃的从吃者出来，甜的从强者出来。”参见《圣经·士师记》第14章。

令人惊奇的是，雷迪在他的《关于昆虫发生的实验》（1668 年）中承认，他寻找肉类腐败原因的思路来自荷马史诗《伊利亚特》。雷迪正是在读了这本书之后，开始疑惑是否“肉中所有的蛆虫来自苍蝇单独播撒的种子而非腐肉本身”。激发雷迪思考的段落位于该书第 19 卷的开篇，当时帕特洛克洛斯已经被赫克托耳杀害，悲痛的阿喀琉斯站在帕特洛克洛斯的尸身旁，正与他的母亲忒提斯对话①：

……我心惊恐担忧

可憎的飞虫

钻入勇士的伤口内

啊！毫无生气的尸身就要生蛆

就要腐烂

所有这一切都要腐烂

接着，忒提斯向阿喀琉斯保证，她将赶走成群的苍蝇，勇士的身躯在一年之内都不会腐烂，甚至会变得更加美丽。因此，雷迪便使用纱布覆盖的方法赶走了苍蝇，实验用的肉也在很长时间内都没有腐烂。

忠诚的老一辈们最终相信了低等生命形式的自然发生，这个概念一直被希腊哲学和中世纪思想排斥长达两千年之久。神话根基始于抗拒混乱的卵，卵中包含了组织的原则，正是基于此，才产生了各种差异。卵

---

① 阿喀琉斯（Achilles）、帕特洛克洛斯（Patroclus）以及赫克托耳（Hector）都是荷马史诗《伊利亚特》中的人物。阿喀琉斯是海神忒提斯（Thetis）与凡人国王佩琉斯（Peleus）的儿子，他历来以其骁勇善战和俊美著称。在阿喀琉斯出生后，他的母亲忒提斯握着他的脚踝将他浸泡在冥河斯提克斯（神水）中，使阿喀琉斯有了不死之躯，他全身刀枪不入，唯有脚踝是例外，因为忒提斯是握着小阿喀琉斯的脚踝放在神水里，这也因此成为阿喀琉斯致命的地方。成语“阿喀琉斯之踵”（Achilles' heel）正是据此。

成为出生以及复兴的原因，卵中还把持着未来真实形态的雏形。在帕特洛克洛斯的尸身旁，从俊美英雄扑倒的身躯中，阿喀琉斯怎会想到会生出蛆虫和成群的苍蝇呢？对于这位富于思想的英雄来说，每一种存在都各从其类，也有自身的生命价值。阿喀琉斯，除了他那不幸的脚后跟以外，的确超乎寻常。

# 第二章　从老鹰的蛋孵出来的就是老鹰[1]

穿越翻腾的海洋

飞啊，飞啊，

在天宇中保持着完美的平衡

——聂鲁达[2]

几个世纪甚至数千年以来，生物学中最大的问题一直是：卵如何变成为胚胎？以人类的卵细胞为例，它只有一粒尘土般大小，直到19世纪初才被科学界所了解。卵细胞发育时，胚胎的蓝图在受精仅1到4周后就已经勾画出来。在此期间，一团均匀的细胞竟成了缩小的生物，后来开始长大成为人。形态发生的真正秘密，也是我们自身生命的奥秘，全都集中在短暂的3周之内，在此期间内，生物的空间组织（或者说是“地域分配”）就已经完成了。

大多数卵细胞都是球形的。在这方面研究最多的是青蛙卵，它的大小还超不过针头。显微镜下观察发现，卵具有单一的极区，细胞核以及多层状物平面均与极区有关，人们可能会设想，这个位置似乎不能形成

---

① 原文题目为 From an eagle's egg，an eagle 。本章谈论了很多关于卵的问题，英文中，卵和蛋都是 egg。

② 聂鲁达（Pablo Neruda，1904—1973），智利诗人，1971 年获诺贝尔文学奖。

动物。卵成熟后，细胞核中的染色体就可以辨别了。两次细胞分裂以后，染色体减少了一半（剩下的另一半从卵中被剔除掉了），这一半的染色体已经作好了准备，从即将到来的精子那里迎来另外的一半。受精作用之后的染色体每次分裂便又是双倍体了。

1875年，当染色体被发现的时候，生物学者们很快意识到它将是——除了发育以外——诸多问题得以解决的关键所在。每次细胞分裂时，染色体也发生规则而且对称的分裂，结果染色体便均匀分布于所有细胞中，在每个细胞中都数量相同，形式一致。生物的每个细胞——不论是胚胎各个层中，还是肝脏、手掌抑或心脏中的细胞——都具有完全相同的染色体组。这种均匀的分布状态对于解释胚胎中功能与形式的分布显得格外无力。的确如此。研究表明，不同细胞中，不同染色体区域都是有效的。有些细胞中染色体的活性表现为局部的肿块，然而，这种表现并不是染色体自身自发产生的，而是细胞核（及其染色体）在已死亡的胚胎区域中发生刺激的回应。

为了试图理解胚胎中的区域分化，研究主要集中于两种现象，其一为卵内细胞质的空间分布，另外就是“感应现象”，即，正在发育的胚胎中局部刺激（内部或外部）产生的效果。关于细胞质地理的研究主要是针对无脊椎动物，比如海胆的卵，而感应现象主要是研究脊椎动物，如青蛙的胚胎。在后者的实验中，目前已经可以利用钢针、吸液管、棉线或是手术刀对特定的刺激进行模拟，实验过程最后得到的往往都是具有一定启发意义的畸形个体。

形态发育中最为重要的问题就是非对称性。物理学中有定律（居里原理[①]）表明，如果一种现象具有某种特定的非对称性，那么在决定

① 居里原理探讨的是物理学上所涉及的对称性问题，考虑两个对称性不同的几何图形，当它们按照一定的相对取向组合成一个新的几何图形时，后者的对称群是这两个几何图形的对称群的最大公共子群，这一原理被居里推广到了物理性质的研究中，并因此被称为居里原理。

该现象的若干条件中至少有一种也同样具有非对称性。如果身体有前和后，那么造成身体的原因必定也有前和后。然而，染色体却没有这种对称性，它们没有背腹的差别，亦缺乏左右的区分。

如果让一个孩子理解左和右的概念，单纯的说教是没有用的。只能通过向他解释，让他体会左右的差别，这是因为左和右的区分是人的本能。人们可以告诉孩子右手是用来握筷子的，或者等到孩子大一些时，可以告诉他一定要用右手在胸前画十字[①]。“左”“右”的概念实际上并没有太大的意义——只是适用于某种预先存在的两侧非对称系统，只有这样，两个相对且具有明显差异的半个世界才能形成和发展。

19 世纪晚期，研究胚胎的学者最初认为他们已经认识到了卵细胞质中非对称性的原理，在很多无脊椎动物中，的确可以观察到这一点。海鞘（Styela）动物的卵就像玻璃一样透明，其内部染色的各种颗粒呈条带状，同心层状以及新月形分布。当卵开始发育时，这些染色的颗粒便开始到处游动，交替向边缘靠拢，它们在胚胎的特定区域占据自己的位置，这个时候生物的雏形就开始在卵细胞的地理分布中预先注定了。

然而，顺此线索的研究并没有带来什么收获。在海鞘类动物的卵中，同其他动物的卵一样，染色区域显著的离心运动促成了内部颗粒的更替。黄色半月形的条带逐渐被替代成不同的细胞，接着便发生分裂，到此为止，胚胎的发育非常正常。有观点认为细胞质内在的差异是某种内部稳定物所导致，染色的颗粒仅仅是其内部运动的表象而已。然而，后来染色颗粒的运动就不为人所知了。

后来，胚胎学家们把未来生物的空间框架交付给了卵细胞壁或皮层，后二者在离心运动中不会发生改变。为了与内质或细胞的中央细胞

---

① 西方人多信仰基督教，广义的基督教在祈祷时有在胸前画十字的仪式，画十字必须使用右手。

质进行区分，粘附在皮层上的部分被命名为“外质”[1]，或者说，是一种倚靠在墙壁上的幽灵。

19世纪晚期，鲁氏[2]曾做过一个实验，这个实验似乎对未来生物在卵细胞中的空间分布进行了确认，得到了局部决定因子的镶嵌排布。鲁氏以处于最初两个细胞（分裂球阶段）青蛙的卵进行实验，他用针破坏了其中的一个细胞，结果另外的一个细胞发育成了只有一边的半个生物。这被认为是一种有趣的证据，用来说明生命形式的实质只不过是细胞物质的分布而已。

1892年，杜里舒[3]对鲁氏的实验作了一定的调整，他完全分离海胆卵细胞中最初两个分裂球细胞，结果从每个细胞，即每半个卵细胞中，都发育出了完全正常的海胆幼虫，这些幼虫只是个体略小一些而已。即使在卵形成更多细胞之后再将细胞一分为二，也能得到同样的结果。从一个卵细胞，发育出了一对“双胞胎”，它们彼此相同，与由单个卵细胞发育出来的幼虫也相同（大小除外）。因此，事先的镶嵌分布并不存在。

有时候，会发生这样的情况，从前一次的失败或失望中，某种线索会失而复得，这真是突如其来的难忘情景。把卵细胞一分为二的半个卵细胞同样可以发育成相同的形式，这种情形可以通过磁场的类推来阐述。在卵细胞中，存在某种“场”，这种场具有某种奇怪的性质，将卵

---

① 外质（ectoplasm），细胞质连接部分的外部，有时在细胞膜下呈现出一种能识别的硬质胶化层。该词也指通灵过程中从灵媒身体内发出的可见物质，是灵魂的外质。

② 鲁氏（Wilhelm Roux，1850—1924），德国胚胎学家，曾用热针刺伤蛙卵二裂球期的一个裂球，结果未受伤的一个裂球发育成半个胚胎。不过，往后在少数例子中，受损伤的一半可以调整恢复，称为“后生”。据此，他认为蛙卵发育是“镶嵌型”的，并据此支持了魏斯曼关于早期发育中细胞核不等质分裂的假说。

③ 杜里舒（Hans Driesch，1867—1941），德国生物学家、哲学家。

细胞一分为二之后，就产生了两个完全相同的场，它与原始卵细胞中的场也相同，如果继续切割，就产生了 2 个、4 个甚至 8 个场。这种情形与在磁铁中用铁屑表示的磁力线很相似，将磁铁一分为二，分隔放置分开的磁铁，铁屑在每个磁铁附近均显示了与最初磁铁相同的磁力线。同样，最初的磁铁具有一对南北极，而每个断开的磁铁也都具有一对南北极。

杜里舒将卵细胞中的场称为“形态发生场”，用来表明其具有产生形式的能力，而其本身却并不具有——也不是某种形式。它是一种无实体的结构，非实质的能量流。

弗罗伦斯基（Pavel Florenskij，1882—1937）是一位俄罗斯物理学家和神学家，在他的想象中，圣人的画像上也存在一种类似的场：“表象的本质是隐匿的，需要被唤起，而一旦绘上这些圣人的画像，它们就被唤醒了……就像磁铁的磁力线只有通过铁屑才能显明一样。”

杜里舒的形态发生场不仅具有形成生物的性质，而且还能在动荡之后恢复合适的形式（自我调节）。该场中每个单独部分所具有的形态发生属性都比场本身所表现的更为优越（等势性）。我们已经晓得，胚胎细胞会在很短暂的时期内保持其全能性（totipotentiality）。随着发育的进行，全能性趋于式微。该场本身就是一种形态规划，促使差异逐步形成，并逐渐产生区域分化。面对自然界中神奇又完美的种种形式，这个过程对最终精确结果的解释并无多大的说服力。通过场，形态得以形成，杜里舒自圆其说地将自主性指定为该属性的原因。通过不同的发育途径都可以获得相同的最终结构，这个最终的结构仿佛一直在引领着形态朝向一个活生生的终极产物迈进（等效性）。

青蛙胚胎开始变形并消退（原肠胚形成阶段），胚胎局部的未来形式还未能确定。在这种情况下，如果把一处本会发育成为神经板的小部分组织植入到另一胚胎的一面，被植入的小片组织就会改变其原来的发育，成为新胚胎组织中表皮的一部分。如果植入发生得稍晚一点，结果就大为不同。在植入位置就会形成神经板，进而将自己包覆在神经板的表面之下，并进一步形成神经沟和神经管，继而还可以形成眼睛、耳朵以及脊柱，甚至具有相关的肌肉组织。于是，头便从背部开始，从胚胎的一侧开始发生，最终形成了畸形的双头怪物。在这个例子中，可以认为是神经组织的细胞“引入了”第二个异常的神经板。而被植入的组织细胞，同样包含有青蛙的“自我组织律”，正是它触发了形成神经管并最终成为蝌蚪的过程。

因此，这一小片的组织（“原口唇”）是否就包含了产生差异的秘密呢？它是否指挥着胚胎的行动呢？答案是否定的，即使该组织受热死亡，它依然还是会产生神经管。实际上，即使使用其他生物的“唇部”或盐水溶液替换掉该组织，组织的分化依然会发生，其间并不会透露出与形式相关的任何信息。该组织仅仅是一个不明确的诱因，并不具有注定要发生复杂化的魔力。毕罗索夫[①]曾写道：“生物发育过程中高度特化以及规律性的局域化事件是可以发生的……其途径是动态的、全然退步的，包含了众多含混、不相关的混乱因素。”器官的非对称性并不会产生即时的原因或环境，它只是一种生物“自我组织化”的先天属性，根本无法确定，而且其效果长久持续。

“场”这个词或许过于散漫也易于混淆，不足以用来表达形态学者的初衷。从最初时刻起，场从卵的内部接受了第一个信号，之后，开始发生改变、移动，并逐渐趋于复杂。场是一个“经历着改变的系统”，对于观察者来说，就像是捕捉到了一阵旋风在张狂过程中某个瞬间的暂停，忽而，一切又都结束了。场就像是歌德《浮士德》中的地灵，它抓住了那位学者，像折磨虫子一样任意摆布他。

---

① 毕罗索夫（Lev Beloussov），俄国自然科学院胚胎学家。

在生命的浪潮中，
在行动的风暴里，
上涨复下落，
倏来又忽去！
生生和死死，
永恒的潮汐，
经纬的交织，
火热的生机：
我转动呼啸的时辰机杼，
给神性编织生动之衣。[①]

艺术家笔下盛开的花朵是由种子发芽后转化而来，它处于变成果实的过程中。同样，正如歌德所看到的一样，花朵也是在一轮叶子上所发生的改变。它也可能是从园丁手中一朵无名小花转变而来——或是达尔文想象中从某种祖先花朵转变而来。花同样也可以用数学来解释，汤普森[②]就曾使用数学公式进行过表述，“形态发生场”最后终于展开了，或者说，神话故事中的公主终于变身了。

神话故事的主人公需要得到一个吻之后才能变成公主，但是植物学者手中的花需要什么呢？如此众多的转变，甚至剧变，所导致的后代，在雌蕊中产生了未受精的卵球，就要转变成为花朵，这一旅程就要从这里开始吗？动物的卵细胞又如何呢？卵细胞中的发生场一旦发生回转或受到刺激，就产生出完整而且神圣的缩影，如此说来，一切就都可以发生了吗？

---

① 《浮士德》中地灵与浮士德的对话，见歌德：《浮士德》，郭沫若译，人民文学出版社1959年版。

② 汤普森（D'Arcy Thompson，1860—1948），著有《论生长与形式》。

谜团得以破解靠的是组织学上的相似性，即，诞生出新生婴儿的卵细胞并不是处于爱河中的新娘产生的，而是来自能产生新娘自身的细胞组，这些细胞早在孩子祖母的子宫里面就有了。卵还是来自卵。根本不必寻回（在发育器官中散失的）亲本卵子之完整无瑕和胚胎细胞之全能特质，理由很简单，这些卵细胞从来就没有消失过。

德国细胞学家魏斯曼[①]提出观点认为，从卵细胞到卵细胞要通过一条“胚质系”（germline），生物发育过程中，这些胚质系的特定细胞与其他的细胞彼此分离。生物体不过就是一种侧向扩展，这种侧向扩展与纯洁无玷的胚质系是泾渭分明的，而胚质系连接了卵到卵的途径（在雄性中是从卵细胞到精子）。胚质系构筑了一道高高的壁垒，屏蔽了为下一代所预定的基因，使其不受到生物体经历的影响。魏斯曼因孤立了遗传特征与生命本身的关系，甚至认为其与形态发生不相关而备受指责。在我个人看来，卵中的“形态发生场”也存在同样的屏障，以阻止生命彼此相关性的紊乱。它使自身保持稳定、全能、贞节，并创造时机，使自身能够在即将到来的纷乱中不被抛弃，然而，整个过程都严格发生在隐匿花园的壁垒之内，本质丝毫未有减少。

达尔文曾有一种今人所知甚少但是他自己却非常欣赏的理论——

---

① 魏斯曼（August Weismann，1834—1914），德国动物学家，1883年提出“种质论”，主张生物体由本质相异的两部分——种质（germplasm）和体质（somaplasm）组成。种质负责生命的遗传与种族的延续；体质仅是营养个体，是由种质派生的。魏斯曼认为，种质主要为细胞核中的许多粒状物质，称为定子（determinant），定子包括了生源子（biophore），后者是生命的最小单位。随着个体发育，各个定子渐次分散到适当的细胞中，最后，每个细胞都含有一个定子。生源子能穿过核膜进入细胞质，使定子成为活跃状态，从而确定该细胞的分化。而种质则储积着该生物特有的全部定子，遗传给后代。对于达尔文的进化理论，魏斯曼只接受和强调生存斗争的原理，而根本改变了达尔文有关变异及其遗传的见解。魏斯曼坚决否定获得性状遗传，魏斯曼称自己的学说为新达尔文主义。

“泛生论”[1]，该理论认为，卵是由父辈生物所产生，通过小颗粒形式的繁殖液体，用以传承他们的过去。根据泛生理论，完全的生物体总是产生后裔。只有通过这种方式，达尔文才解释了物种的进化，即，父辈生命的兴衰变迁缓缓倾注于后裔之中。对达尔文来说，进化是生命在时间长河中累积的经历。他的这种想法来自杰出却有一定争议的法国先驱拉马克，在达尔文之前，拉马克就提出了获得性遗传的理论，并将其解释为进化。达尔文从来就没有认为进化是其他事物，对于20世纪冠以他自己名字的进化理论，他一定会否认的。

一旦环境的因素被排除，人们不禁要发问，生命之间的差异究竟从何而来呢？魏斯曼提出，在地球上最初的生命中差异就一定已经出现了。物种在自身中发生分化是因为他们在久远的年代中获得了什么，在数百万年内依然保持完整，自身的影响不可企及，远离环境的干扰。达尔文所假定的胚芽[2]可以来自生命体的所有部分，构成了各个世代演替的微生物路径上的一分子，魏斯曼提出了他的“生源子”，用于表示生命从初始到各种形式的发生，当然也包括卵。他坚持认为，这些“定子”就像是思想一样坚不可摧，通过不朽的微生物路径，在生命个体中传递，经久不息，一时的显赫只不过是附属的产物。

如此说来，生命现象通过依附于微生物路径，又回归到它的发生上面了，更确切地说，生命从起源之时就一直持续。

巴特勒[3]在表述魏斯曼的理论时说：“母鸡只是蛋生蛋的中介。”这句话把人们引入了养鸡场中，在那里，饶舌的母鸡根本不会飞而只会下蛋。母鸡，除了具有产蛋作用以外，还明确诠释了生物体的无用性。然

① Pangenesis，达尔文晚年提出的用来说明获得性状能遗传的理论。

② Pangene，或译为泛子，是一种假定的原生质粒。

③ 巴特勒（Samuel Butler，1835—1902），英国作家，死后出版长篇小说《众生之路》，戏剧大师萧伯纳读后，赞誉巴特勒是“19世纪后半期英国最伟大的作家”。

而，魏斯曼还说了："从老鹰的蛋孵出来的就是老鹰。"[①]

老鹰的蛋和鸡蛋在外形上几乎是没什么差别的，其内部的细胞，细胞核与DNA几乎都是完全相同的。然而从鸡蛋孵出来的却是小鸡，而从老鹰蛋孵出来的却是百鸟之王：壮硕巨大，具有带钩的爪子，王者的头冠，平直的尾翼，老鹰在天空中翱翔，时而展翅滑行，时而振翅高飞，翅末的羽毛张扬着，朝向天宇。

从老鹰的蛋孵出来的就是老鹰。

① 这句话也是本章的标题。

# 第三章　生物体的缺陷

19世纪的最后四分之一时间见证了生物科学领域内发生的决定性转变，染色体（“被染色的物质”）粉墨登场，叫嚣着占据了生物学舞台的中央。染色体是众多微小棒状结合体，长度只有几微米，当细胞核发生分裂时就可以观察到它们。染色体在动物和植物中都可以发现，而且在所有生物体的细胞以及同一物种的所有个体中，其数目和形式均相同（只有微小的例外）。染色体的图像（染色体组型）就像超市收银员扫描的条形码一样，具有用于鉴别物种的独特信息。在体细胞中，染色体成对出现，果蝇有4对，人类23对，软粒小麦21对。曾认为亲缘关系近的物种在染色体的数量和形式上比较接近，人类有23对，而黑猩猩是22对，猴子31对，马有32对，斑马有16对——马的染色体数量正好是两只斑马的总和，软粒小麦21对，而硬粒小麦却有14对，有些野生小麦有7对。

特定染色体系列之间的规律性，尤其是在植物中，似乎暗示了染色体与生物形式之间的关联，然而，众多研究的实例均受制于密切相关、具有相似特征的群体，因此，染色体并不能为日益增加的复杂性提供解释。

在染色体数量与物种的演化之间，显而易见的就是二者并无明确关系。细胞核中染色体的数量通常是16对到25对，在蛔虫（*Ascaris*

*Megalocephala*）中，却只有一对染色体，而一种蕨类植物瓶尔小草（*Ophioglossum Petiolatum*）却有 150 对。

继 DNA（其由染色体上的基因构成）被发现之后，人们曾试图在细胞中 DNA 的数量以及生物体演化复杂性之间建立某种关联。实际上，人们所发现的是两种级别的 DNA：细菌的 DNA 具有数百万对核苷酸，而高等生物的 DNA 具有的核苷酸却是数十亿对。差别并不与细胞中所包含遗传信息的数量直接相关，而是体现在染色体的组织性上。细菌 DNA 就是一列基因，而高等生物的 DNA 却在基因内部和彼此之间包含有狭长的非编码序列。由于这些序列没有编码，因此被称为“垃圾”DNA。在不同类群动物的大量 DNA 中建立彼此之间的关联，这种尝试被证明是令人失望的。哺乳动物具有大约 50 亿对核苷酸，爬行动物大约为 30 亿对，鸟类约为 20 亿对，而鱼类约为 3 亿对到 30 亿对。似乎到目前为止还不错。可是两栖动物却具有大约 100 亿对，甚至有的有 1000 亿对核苷酸，这一级别足够相当于许多种鱼类了。软体动物的 DNA 级别与脊椎动物相似，蚯蚓的和鸟类的差不多，有花植物的核苷酸介于 20 亿对到 5000 亿对之间。

前已提及，DNA 是由若干基因所构成，既然基因与新陈代谢直接相关，那么，人们曾认为基因计数或许能够为生物体的复杂性提供良好指示。无论如何，在细菌中已有 3000 个到 5000 个基因被数出来，在酵母中是 6000 个，在一种十字花科植物中是 25500 个，在蚊子中有 13600 个，在果蝇中有 26000 个。在人类的基因组中应该能发现完整的文明和个人的命数，比如，帕特农神庙[①]和第九交响曲[②]，人类有 25000 个到 30000 个基因，而一种只有 1 毫米长的小蠕虫秀丽线虫（*Cenorhabditis*

① 帕特农神庙（Parthenon）是女神雅典娜的主要神庙，位于雅典卫城上，建于公元前 447 年和公元前 432 年之间，被认为是多利安式建筑的杰出代表。

② 第九交响曲是贝多芬全部音乐创作生涯的最高峰和总结。

*Elegans*)，尽管只有1000个细胞，其基因数却差不多是20000个。这样计数有什么意义呢？结论表明，生物化学上的复杂性对于解释进化论几乎毫无建树。

以染色体数量、基因数量或DNA数量所讲述的生物进化故事完全是失败的。因此，生物学家们便开始削弱差异，在“普适性”的DNA上集中精力。20世纪后半叶，DNA及其结构、自我复制、编码、自身交换、死亡与修复等都成了生物学兴趣的核心，而生物体本身却从人们的视野中消失了。很多关于DNA的论文中，生物体仅仅是被提及而已，因为生物体本身已经不再显示出上帝的荣耀，或仅仅表明了上帝的投机倾向，甚至，达利[①]解释道：“如今，华生和克里克[②]的宣告是上帝存在的真实证据。”DNA是一种普适的神性，掌管着生命的本质，而对于徒然的形态变异丝毫不感兴趣。

20世纪中期分子生物学就这样诞生了，扬言专门研究基因的DNA及其基本产物——蛋白质。而在蛋白质之外，在蛋白质与最终的生命形式之间，则是一片茫然。

分子生物学从这一立场出发，集结了相关要素，以期大大超越其他生物学分支学科，甚至还包括物理学和化学。

在分子生物学中令人惊异的事情并不是通过研究大分子获得大量新知，而是意识到生命的本质如此易于接近，总是毫无保留、甘愿将自身的秘密和盘托出。看起来似乎生命是能够像儿童的积木一样，分解又重新组装起来。有些人因而对生物学的全能性充满信心，将生命组合在一起，在试管中就改来改去——这似乎也只是时间问题了。公正地说，目前还没有人能够在试管中合成出细胞或小矮人，遗传工程（正如其名

① 达利（Salvador Dali），西班牙20世纪超现实主义艺术家，在绘画、文学、宗教哲学等领域都有一定的影响。

② 他们首先发现了DNA的双螺旋结构。

字所宣称的一样）也并不是建筑生物的大厦，它只是到处敲敲打打而已。

分子生物学的基本原理之一（如今被供奉为核心教条）已为DNA指定了角色，即，对细胞中生命和遗传性具有绝对的控制力。核心教条宣称：DNA自我复制并产生蛋白质，蛋白质不能自我复制，也不能改变为其编码的DNA。换言之，信息传递是从DNA到DNA，从DNA到蛋白质，绝不会反过来从蛋白质到DNA。这一理论不容分说地排除了蛋白质的变化可能会对DNA造成的任何影响，后者的可能性可见于拉马克学说，即，认为获得性性状可能会进入下一轮遗传过程之中。

该教条似乎为魏斯曼的种质论提供了分子上的阐释，该理论认为微生物是新微生物和体细胞的肇始，而体细胞不能反过来影响微生物。从蛋可以产生鸡，而鸡并不是真正产生蛋，只是产下了从能孵鸡的蛋直接起源的蛋。在新的分子生物学解读中，DNA就是蛋，而蛋白质是鸡。

作为核心教条的一种必然结果，我们接受了进化理论的修订版。DNA“文本”能够经历偶然的变异（“复制错误”），这些变异改变了蛋白质的内容，结果使其获得了更好（或更差）的适应性。最好的适应——最适者——生存[①]了下来并占优势，而其他则与能够产生它们的基因一起，都消失了。这就是自然选择——换言之，分子进化论。

在达尔文的泛生理论中，后裔可以来自亲本的各个部分。马驹也是马是因为它是公马和母马的子孙。然而，对于魏斯曼，马驹也是马是因为它是种质论的结果，通过该路径先前已经产生了公马和母马，后来产生的只相当于一个小兄弟而不是子孙。子孙继承父辈是因为他们源于相同的种质路径。在魏斯曼的遗传理论中，他是反对达尔文的，进一步说，分子生物学也是这样的。然而，不同的是，魏斯曼与达尔文对理念

① 适者生存（the fittest survive）字面上的含义是“最适应者生存”。

的世界都很讨厌，魏斯曼是一名唯心主义者。魏斯曼的种质路径保护着种质，阻止其向外拓展，然而这些种质并不是由单纯的微粒所构成，种质所包含的是种种无形的“思想”，这些“思想”控制着生物，使其朝向“标准”形式的方向进行发育。魏斯曼心中充满了德国 19 世纪的唯心论，他的定子（determinant）是不可接近的，就像是微生物细胞中的微粒以及柏拉图主义宇宙中的思想一样。

在魏斯曼的官方画像中（舒多［Franco Scudo］曾帮我指出这一点来），这位弗莱堡一丝不苟的教授，丝毫看不出 30 岁的模样。他寄望于强调两种蝴蝶的归属，蛱蝶（*Vanessa*）有两种，一种有黄色翅膀，另一种翅膀略带红色。这两种蝴蝶来自相同的遗传谱系，是同一种思想、同一个物种的不同表达——第一个，prorsa，来自夏天的幼虫，另外一个，levana，来自秋天并已度过间歇期的幼虫。这精灵般的一对为从相同的微生物能产生出不同的形式这一概念提供了诠释，因此，微生物仅仅通过预定子（pre-determinant）的表现是不够的，生物及其生活环境共同构成了生命的表达。

分子生物学者们对于蝴蝶翅膀的奇特之处以及体细胞的其他特征并不很有兴趣。一旦宣称说“核酸信息能够解释一切”，其他的一切重要性和兴趣就都降低了。生物学致力于解读 DNA 一般指令的作用，却忘记了本身的“用处”，即，真实的生命世界。

在我从事科学工作的早期，人们可以在生物学者中觉察到抽象生命对形式实实在在的憎恨之意。对那些生物学者们来说，形式是过时而又多余的，他们嘲笑那些描述叶子外形的植物学家以及对狮子灵魂感兴趣的动物学家们，这些我都有所耳闻。生物学不再满足于是一门自然科学，而是力争成为一门精确的科学。从那以后，其任务就变成了处理那些至关重要的微小颗粒，使学者们更加接近生命的起源。

分子生物学者们不再对形式、分化以及组织计划感兴趣，因为他们相信通过他们手里的材料就能够解释一切。可以这样说，他们已经对生命和生命体开始失去兴趣，而那些仍然抱守着自然的奇妙以及生命形式多样的人们就被划分为“生机论者”(vitalist)或是“有机体学者”(organicist)。新的生物学者不仅仅在研究兴趣方面全面倒退，在研究方法上，他们还采用了还原论来进行处理。1946年，在DNA被发现以前，皮亚杰[①]对此曾清楚地表述过，一个科学的问题可以被成功地拆解开来，对其解答不会回到问题本身上，只有这样的问题才是科学的，否则它就仅是一个哲学问题。生物体的缺陷恰巧符合了在其他方面所观察到的哲学上的缺陷。

伴随着DNA的到来（这已经成为伴随所有科学革命的规则），真正发生的事情并不是发现了对现存生物学上形式问题的解决，被丢弃的问题换了名目，即遗传中的物质是如何传递的。因此，兴趣开始转变为询问性状的“决定因子”是如何从一代传递到另一代。而性状，甚至是生命形式本身，已经不再有人感兴趣了。它们成为遗传因素的标志，通过它们，染色体的重新排布，基因的重新组合才有了可能，DNA的命运才能够实现。实验的生物体一点一点地开始变得越来越小，失去了形体和性状，从孟德尔的豌豆，到摩根的果蝇，然后到真菌、酵母和病毒，最终变成了试管里的DNA。

我本人也曾做过提取细菌DNA的实验，实验材料来自培养的细胞。细胞在去除细胞壁之后，浸入乙醇中，发生沉淀，沉淀呈棉絮状，缠绕在玻璃棒上，之后再对其溶解。这时提取的DNA混合有一种特殊的DNA介体（质粒），它需要用“剪切”酶进行处理，这种酶可以将

---

① 皮亚杰（Jean Piaget，1896—1980），瑞士儿童心理学、发生认识论的开创者，被誉为心理学史上除了弗洛伊德以外的一位“巨人”，其提出的发生认识论不仅是日内瓦学派的理论基础，也是欧洲机能主义的重大发展。他开辟了心理学研究的一个新途径，对当代西方心理学的发展和教育改革具有重要影响。

介体和DNA分割成若干片断，之后，这些片断在另外一种酶（连接酶）的作用下重新组合。这时将介体上的DNA转移到新的菌株培养细胞中，该菌株具有与原始菌株不同的性状。实验处理的细胞上会涂上纯粹而精选的培养基，在其上受体菌株自身不能生长，因此只有很少一部分与介体相关的细胞能够将适当的“外来”DNA片断合并起来，并继续成长形成菌落。这就是现今实验室所采用的实验过程，由此发展出来的技术就是我们耳熟能详的“遗传工程”。

该工程最初的尝试是用来制造人类自身的物质，如胰岛素，并从实验细菌中培养激素，后来便是为患者植入其所缺乏的健康基因（基因疗法），再后来就是将外来的或是人类的基因转接到实验动物或是农场的牲畜体内（转基因动物）。植物对于遗传改良生物（GMO）[①] 的企业和生产线尤其适合，目前这种植物已经大举进犯我们的世界了。

人类已经卷入了一系列浮士德式的规划之中。分子生物学者们认为他们能够冲破大自然设置的藩篱，与这种说法相伴的就是对进化论的完全接管。进化论的研究变得死气沉沉有什么影响呢？通过表明进化的唾手可得，人类已经把握了自然和这个世界的命运。现今的进化理论是怪异的，自然被赋予了新的技术，可以用以改善自身。达尔文曾想象过动物农夫具有某种魔杖，同样，分子生物学者想象着奇迹必定来自缠绕有DNA的魔法玻璃棒。

上述研究不但没有什么结论，而且遗传工程中的处理过程无一例外地都无法解脱，自然界已经有效地捍卫了自己的前线。数以百计的生物技术公司都开设了商店，股票也进入了交易市场，工业专利也获得了批准。生物学前所未有地被数十亿的财富簇拥着。科学掷上了巨大的赌注……却输了。数十年以来，它一直在变卖着各种规划、幻想以及欺

① GMO，即，genetically modified organism（转基因生物）的缩写。

骗。众多的成就都被忽略，所谓的前景也罕见地鼓舞人心。

这依然不能令我们惊奇。科学的规则就是，技术的实际胜利很少是理论知识的成果，而是实践抢先一步，并决定着理论。DNA 永远不会构建出它可以轻易就超越的实体。当抽象的科学领先时，技术的缺陷就体现出来了。种种伟大的革新改变了我们的生活，但是这些革新却往往具有非常不起眼的科学内涵，能够改变科学的伟大理论凭借其自身就已经获得了发展。李维斯①在 1983 年写道：“伟大的技术总是建立在过去技术的根基之上，科学只能提供些微的帮助。”普赖斯②对此评论道：“发明创造并不总是悬挂在科学树上的果子。”

据说在 1833 年，伦敦曾发生过激动人心的事情，人们翘首企盼着瑞典工程师埃里克森③实验演示他的五马力“热机”。一直以来被认为是最伟大的科学家法拉第为此在皇家研究院作演讲，介绍并解释新机器如何工作。然而，他登上讲台之后，却犹豫了一阵子，最终终于坦率地承认自己的错处：他的理论不能解释机器如何工作。无论如何，尽管围观的群众并不知晓原理，但五马力的发动机的确已经开始运作起来了。

我很抱歉地说，我甚至认为根本就没有什么分子生物学者，所谓的分子生物学者也要承认，他们的众多理论并不能解释任何一匹马的步法和技能。

---

① 李维斯（Richard Reeves），美国工学硕士，专栏作家。

② 普赖斯（Derek de Solla Price，1922—1983），科学史家，生于英国，早年曾于新加坡工作，后长期任职于美国，是现代科学计量学的奠基人之一。

③ 埃里克森（John Ericson，1803—1889），瑞典发明家、机械工程师。

# 第四章　摇摆中的稳定性

20 世纪的生物学是由摩拉维亚一位奥古斯丁修会的神父——孟德尔所开创的，孟德尔曾花了近十年工夫在修道院的花园里研究豌豆的杂交，1865 年，他对自己的实验进行了总结，在布隆博物学会（Naturalists' Society in Brünn）上宣读了他的发现，然而听众大多并不关心，甚至表现得很厌烦。1900 年，三位中欧植物学家重新认识了孟德尔的研究工作。当然，这些都已成了常识。孟德尔的结论来自他的实验，即二元可选性状（如白花或红花）的遗传因素集中于杂交植物中，彼此虽然截然不同，但是在杂交后代中却可以再次得到独立表现。将具有红花特征的植物（用 A 来表示）与具有白花特征的植物（用 a 表示）进行杂交，就产生了杂种 Aa，该杂种具有红花，这表明 A 对于 a 是显性的。A 主控了 a——将 a 隐藏了起来，却并未将其革除，因此，具有白花的植物在后来的杂交世代中就会再次出现。孟德尔利用数学符号和概率描述了他的实验，这使他预先就认识到了不同配对性状发生重组的频率，并在后来认真记录的实验中得到了证实。他同时还用计算表明，性状（以及遗传因素）频率在后来世代中保持恒定。换句话说，除非有特定的、可能会产生干扰因素的介入，遗传组成的总量是不变的，孟德尔在他的实验中坚持不懈地排除了这些干扰因素。

孟德尔的思想在数年之内一直没有迎合后来趋于主导的进化理论，

进化理论的基本假定就是遗传组成的总量在世代之间会发生变化，这些变化经过积累一定的时间之后就产生了新物种——以至于发生进化。在20世纪初，孟德尔主义的主张恰好对应了进化主义的衰落。这种衰落一直持续着，直到两次世界大战间歇期间，两种理论才达成妥协，产生了著名的“新综合论”（或综合理论），这种说法源自赫胥黎①一部著作的标题。

事实是，孟德尔主义将几乎所有达尔文曾用于解释进化论的因素都排除了。对达尔文来说，遗传就是将生殖液体混合的结果（尽管批评者有所反对，认为混合会达到消融变异的结果）。孟德尔的遗传在于彼此相关特征进行重新组合，而不是混合，结果是变异特征总有机会再度出现。达尔文的混合理论对他来说并不是无意义的想法，乃是他个人坚信的一种必然推论，即当生殖液准备与处于亢奋状态的精液混合时，环境便直接作用于身体中的生殖液。在孟德尔的遗传中，遗传因素并不会受到这种影响和散播，它们是静态的、持久的，而且与环境完全无关，某些情况下，它们的稳定性还被认为是保守的，甚至教条的，要知道，毕竟它们来自修道院的花园。

孟德尔默默无闻了35年，达尔文主义却方兴未艾，就在达尔文主义试图度过20世纪初期的危机之时，孟德尔的理论才得到了发扬光大。通过与孟德尔主义的紧密关联，达尔文主义又再次站稳了脚跟，当时，除了自然选择以外，进化论中的其他方面已所剩无几，对于自然选择，达尔文本人后来也已作出一定的调整，而遗传学对此考虑甚少。

由于孟德尔的变异与进化论所需要的变异相去甚远，妥协的可能相当渺茫。实际上，根据孟德尔的观点，不论是类型或频率，性状特征只能重新组合，而不能发生改变。

---

① 赫胥黎（Julian Huxley，1887—1975），英国生物学家。

尽管孟德尔被认为是遗传学本质中基本“决定因子”的发现者，但是，他预先并没有提出关于遗传因子结构方面的任何假定。他通过使用符号 A 或 a 简要地说明了纯种世系的性状特征，而对于杂交世系，则用 Aa 来表示。假如他曾设想过在变异发生的模式中，起作用的是某种粒子或其类似物，那么，他就会使用 AA 或是 aa 来表示纯种世系的特征——这是后来在现代遗传学中所采用的符号。直到孟德尔再次发现若干年之后，作为物质实体的基因一直都不是遗传的证据。这为孟德尔法则的“本质”赋予了一种实在内涵的同时，还使其与性状紧密关联。遗传学从此以后便失去了作为一种正式科学的地位，而逐渐沦落为只能对基因进行材料上的分析，研究基因的分子结构及其所经历的种种改变。

现代进化论者所探讨的各种变异实际上源于一种盲从的过程，也就是各种“突变”，尚不清楚这种突变观点是来自达尔文还是孟德尔。根据综合理论，各种突变积累起来就产生了物种间在适应上的差异。这当然就需要一段较长的时间，另外，也需要自然选择的作用，至关重要之处在于，后者从变异中选择了非常罕见的有益突变。孟德尔已经细致地表明，他所选择用于实验的世系都具有相同程度的生存能力，否则的话，这些差异势必会误导他的计算。他无论如何也不会想到这些外在的干扰因素会诞生出某种理论，而且这种理论竟然会改变这个世界。综合理论从孟德尔那里接管了重新组合的理念，即众多性状重新分化的机会。作为一种有性生殖物种的特权，这样的过程仿佛就是专门为了进行多重变异。10 对组合就能产生出 210 种组合，或是超过 2000 种不同的类型。

20 世纪进化论者长期以来一直保持着这样的信念——只要把变异和选择随意组合，就无所不能。既然多重变异在有性生殖中很普遍，那么全世界各种所谓的生物进化的变化都需要它的参与。这让我想起了数年之前，我也曾有过一种想法，如果我能培植数十亿只细菌，并拥有选择的技术可以进行随我心意的选择，那么最终我就会从我的培养皿中拉出一头大象来。

近来，在可导致变异的遗传物质中又有了新的发现。“跳跃基因”[1]能够在染色体之间转移，割裂基因[2]能够重新组合其自身的信息，凯恩斯[3]和他的同事们发现，生物体会以一种更加适应环境并且更为直接的方式来改变它们的DNA，在这些生物体中具有“直接的”突变。

在学界通常会有这种情况，为了解释特定的现象，人们会构建某些可以理解事物缘由的模型。可是，最终我们却发现，可以让我们作出极好阐释的现象或许根本就不存在。正如自然界中的若干发现以及古生物学中的多处报道，现生物种似乎在时间长河中相当稳定，能够抵御长达数百万年（某些情况下甚至数亿年）的变化。种种变化与动荡仅仅是为了保持自身的不变。

兰佩杜萨的作品《豹》[4] 是一部反映作者家乡西西里的小说，小说的主人公是一位王子，他在不情愿和不安中目睹了旧秩序的改变。他最喜欢的侄子，不顾一切的唐克雷蒂似乎早已对革命以及加里波第的军队作好了准备，唐克雷蒂“以格外严肃的口吻”对他的叔叔庄严宣告：“如果我们还不加入，他们就会在共和国中作出判决。如果让事物保持

---

① 跳跃基因（jumping gene），可以从原位上单独复制或断裂，环化后插入另一位点，并对其后的基因起调控作用的DNA序列，又称转座因子。

② 割裂基因（split gene），一个结构基因内部为一个或更多的不翻译的编码顺序所割裂的现象。

③ 凯恩斯（John Cairns），英国生物学者。

④ 兰佩杜萨（Giuseppe Tomasi di Lampedusa，1896—1957），意大利作家。其长篇历史小说《豹》描写了意大利1860年民族复兴运动高潮至第一次世界大战前夕的若干事件，主人公西西里贵族范布里齐奥·萨利纳公爵在资产阶级革命风暴冲击下丧失权势，他的侄子唐克雷蒂（Tancredi）不甘心贵族家庭的没落，投奔加里波第率领的千人团，最后投靠暴发的资产阶级权贵。

不变，这些事物就一定会变，望你三思。”这里关于稳定性的理论并不能说不诚恳，我们可以这样来总结：物种在形式上保持稳定惟其原因就在于受变异性驱使的摇摆和动荡。

人们在骑自行车的时候，为了能够保持平衡，就需要不断左右摇摆。骑车人会本能地向倾斜的方向偏转，用以保持向上的姿势。当骑车人僵硬不动或是车轮陷在固定轨道里的时候，就预示着危险的发生。骑车人必须让自行车的手柄摇晃起来，你曾见过行走绳索的人安静待在那里吗？所有这些都表明，为了稳定而变化以及“摇摆中的稳定”都不是矛盾的说法，更不是矛盾的修辞。

对于变异，任何生物都具有即时的防御对策，这就是所谓的修复机制。如果一条 DNA 螺旋受到了损害，修复机制就会预备好除去破损的部分，再通过对与之匹配的、另外未受损的螺旋进行复制，重新造出这部分来。我们或许会问，细胞是如何知道双螺旋中哪一条是需要复制的呢？毫无疑问，通过与含有复制错误的“新”螺旋相比较，细胞就可以识别出“旧”螺旋了。

生物体的未来世代会随着遗传而逐渐衰退，抵御这种倾向最为有效的防御机制就是有性重组[①]。在 20 世纪 30 年代，综合理论粉墨登场的时候，有性重组被认为是增加变异性，并为选择提供最大数量的遗传组合。然而，关于有性重组，人们越发明确的就是，它扮演了一个非常保守的角色。有性生殖中的每一团体或个体都向居群中贡献自身的基因，由于个体倾向于混淆在无数自身组成的总体中，居群的总体不断受到扰动。某一团体若是想要在居群总体中彰显出来，唯一的办法就是像隐士和修士一样从世界中消失，或是像殖民者一样去开辟新大陆（或新的

① 有性重组（sexual recombination），通过有性生殖进行的基因交流和重组。

居群），进而形成一方独立的群落（异域成种作用[1]）。另外，在群落内部也能发生类似的独立行为，一小部分团体成员以一种奇怪的方式生活，或是定居在某个小环境中，这样的小环境以某种方式阻断了其与群落中其他成员的基因交流（同域成种作用[2]）。性为居群带来了混乱和一致性，即使遗传组成并不是达尔文的生殖液，而是孟德尔的若干世系，它们在混合的同时仍保持着物种的稳定。

有限的变异性、物种自身的内在特征、不完全隔离以及普遍的混乱交配行为，这些特征都为物种能够保持长时期稳定提供了保证。规则与犯规、忠贞与不忠都足以激活变异性和多样性，变异性带来差异，多样性鼓舞人心。过度的一致会扼制物种，而过度的多样化将使物种瓦解。

性为野生动物以及鲜花的世界带来了欢愉，同时却也为生物进化敲响了丧钟。在生物的世代中，任何时候漫不经心的美神一旦占据主动，生命形式就总是会忘记进步。[3] 改善世系唯有凡夫俗子，而他们的工作方式就是欺凌、压迫以及隔离。当然，所有这些方法所针对的都是伤心而离群的动物们，这些方法并不能产生新的物种。家庭驯化式的饲养带给动物自身的要么是消亡，要么就是回复到野生状态——人为干预面对自然界的手笔，几乎没有什么可炫耀的。

现代遗传学告诉我们，正是选择的干预才改变了物种，物种自身的变异性几乎没有什么用处。正如唐克雷蒂严肃的言论一样，“不断震荡以保持相同样式”改变着事物，这种想法并非含混。教科书中用大写

---

① 异域成种是指因地理上的隔离造成居群之间基因交流中断，导致种群逐渐分化，进而产生了不同的物种。

② 非地理因素的成种作用就是广义的同域成种，在不经过地理隔离的情况下，在原来的区域内产生新种，这样的例子主要有杂交成种和多倍化成种等。

③ 这里说的主要是指种群内部因性选择而产生的残酷竞争和斗争。

的N与S[1]告诉我们，只有自然选择才能改变形式和物种。这方面不断炫耀的例子通常是白桦尺蛾[2]，其中的故事是这样的：

从前，一定数量的灰色尺蛾习惯落在银色的桦树树干上，以躲避鸟类的捕食。后来，工业化中大量的黑烟熏黑了桦树的树干，如此一来，灰色的尺蛾在黑色的背景下就很显眼。然而，黑色尺蛾很容易在黑色背景中伪装自己，而与它们相关的灰色蛾子却变得非常显眼，容易被鸟类所捕食。故事继续往下讲，因而，灰色尺蛾消失了，而黑色尺蛾却数量繁多。结果就是“工业黑化”。这个故事还具有生态上的道德教训，目前已经被作为一种肉眼可观察到的演化模式故事不断向孩子们讲述，赫然在官方的教科书中占有一席之地。

白桦尺蛾的动听故事貌似真实，实际上是杜撰的。未发生工业黑化的地区情况是怎样的呢？事实上有些蛾子生性就不落在树干上而是隐藏在树叶中，这种情况考虑过吗？另外，在某些地区，由于人类的努力，树干恢复了本来的颜色，而蛾子却依旧保持着黑色，这又是怎么回事呢？还有一种观点认为，凯特威尔[3]在他的实验中所使用的那些蛾子是利用捕虫器捉来的，昏迷的蛾子在失去视觉后被放置在树干上的囚室中，而刽子手正等着它们呢！如果如上所言极是，那么，很显然灰色的

---

① 自然选择（natural selection）的缩写。

② peppered moth，一般翻译为白桦尺蛾、灰蛾、斑点蛾。在英国工业革命以前，一般的树木，如白杨类，颜色都比较白，这种飞蛾的颜色也趋向灰白色。工业革命以后，空气污染，树皮变黑，飞蛾的颜色也跟着变成黑色，生物界称之为保护色。进化论指出，这是生物适应环境、进化出新特征的证据。其实在仔细的研究观察下，发现工业革命前，飞蛾早有白的和黑的，只不过在灰白的树皮上，黑蛾比较容易被飞鸟吃掉，以致白蛾的数目相对较多。工业革命之后，树皮黑了，白蛾就比较容易被吃掉，结果黑蛾的数目便占了大多数。当伦敦的空气因为环保而干净之后，树皮恢复灰白色，白蛾的数目又增加了。黑白两色本是灰蛾的潜能，与进化无关。

③ 凯特威尔（Bernard Kettlewell，1907—1979），英国遗传学家，鳞翅类昆虫学家，医生。灰蛾发生所谓的工业黑化实验就是他开展的。

蛾子和黑色的蛾子无非是同一物种所产生的变异体——他们就像是兄弟姐妹，因某个单一的突变而不同，或者像某些人所猜测的一样，就像是魏斯曼的大红蛱蝶（*Vanessa*）[①] 一样。

白桦尺蛾是最为常见的例子，用以说明“可被直接观察到的进化事件”。相反，进化并不是显而易见就发生的，而是一个非常漫长（也非常罕见）的过程。完全就像是放慢某些“恒定”星星的移动速度——当然这些恒定的星星只是相对于其在天空中的位置而言，或者像是把银河系旋转一下，对于观察夜空的人来说，这些都不是显而易见的——除非他把中秋夜里的流星误认为是某个真实的星体。

实际上，自然选择在自然界中的确发生着（威尔伯福斯主教[②]亦谙熟此理），它的作用主要是保持生物的平衡和稳定。它淘汰了所有敢于偏离范式的个体，其中包括各种怪胎、投机分子以及边缘种类，它总是在对居群进行调整，使种群回归并保持正常。我们可以从教科书中了解到，当环境条件改变的时候，选择过程会朝向居群的平均方向倾斜，这一过程就是所谓的适应。如果气候变得非常寒冷，能够适应寒冷的生物就相对于其他生物更加受益；如果气候变得多风，大风就会扫除那些最为暴露的生物；如果疾病来袭，那些健康情况有问题的就会死亡。然而，所有这些都是带有目的的谎言，终究要被戳穿。物种实际上是有机的实体，典型的形式或许会发生一定的偏差，但其目的在于重返自身命运的轨迹；形式或许也会在一定的范围内游移不定，但是其目的仅仅是在同列中找寻适合自己的位置。

---

① 魏斯曼（August Weismann），德国动物学家，见第二章第30页注①。红、黄两种翅膀颜色的蛱蝶其实是同种蝴蝶不同的伪装现象，见本书第十五章。

② 威尔伯福斯（Wilberforce）主教1860年曾与赫胥黎在英国科学协会牛津会议中展开对进化论的辩论。

任何事物，无论经历过怎样的分解、扭曲以及比例失衡，终必回归到本身的类型之中。目前存在一种趋势，它倾向于混淆些微的调整与壮阔的命运，也混淆管窥之见与历史的趋势。

诚然，物种在发展中也会有所失，比如说，鼹鼠会失去视觉，肉质植物会失去叶子，这些都是不可恢复的。然而，这里涉及的都是一些不幸以及伤残的种类，它们处在其分布区域的边缘，极端而且特化。这些物种没有未来可言，它们不是先锋者，仅仅是大自然这个牢狱中的囚徒。

问题终究要归结为对生命形式的判断：形式究竟是恒定、稳定的真实存在，能够使自身在震荡、威胁以及发展中保持自身，还是根本就不存在——像统计结果一样，存在的只是平均值。

平均值变了如果再恢复原样，这是毫无理由的。除非存在一种可以信服的模式，任何事物都分散在大量的实际解释中。斯格兰比奥[①]曾说过：“时代在前进，永不止息，而真理却岿然不动，与之相伴的是真实的力量。”

生生不息的大自然并不像股市一样，更不像是赌场中的旋转盘。机会的确扮演一定的角色，这不可否认，但是，如果说机会与随处可见的投机主义就能主导真实的大自然，这就毫无依据了。机会可以用来解释物种的变化无常，特征波动不稳，逐渐从一种转换到另一种。然而，所有这些在大自然的剧作中都是不存在的。

尽管有突变的影响，也有选择的压力，某些情况下物种还是可以将自身的稳定性保持数百万年之久才消失。负鼠（*Didelphis Marsupialis*）遍布美洲大陆，它们到处爬树，家禽受到的损伤也归咎于它们，它们因此也受到猎杀。雌性负鼠每年分娩 3 次，每次产下近 18 只后代。而化

---

① 斯格兰比奥（Manlio Sgalambro），意大利演员，编剧。

石负鼠自白垩纪（约1亿年前）起就与今天的小偷鸡贼几乎没有什么差别。负鼠尽管具有强大的繁殖能力，其生活的环境也经历了极端的变化，可是负鼠依然固守自身。另外一个有趣的例子是腕足动物门中的一种双壳贝类——舌形贝[1]，自从多细胞动物在距今约5.5亿年前起源时起，舌形贝的若干物种实际上就一直保持不变。如果没有保持稳定的某种机制，这种情况怎么能够发生呢？相对于发生变异性的根源，这种机制就更难以想象了。为某些无论如何都不曾发生的事情寻求解释，我们何必如此自寻烦恼呢？作为生命真正标志的稳定性却要堂而皇之地被驱逐，这又是为何呢？

种种生物栖居于地球，在地球上飞跃翱翔，相对于这些生物，地球的地壳甚至具有更加强烈的可变性，大陆经过了漂移、碰撞以及彼此联合，而物种却保持着自身的特征。索普[2]对此曾说过："早在喜马拉雅山脉形成之先，花园里就已经有鹡鸰（*Motacilla*）[3] 了"。

---

① 舌形贝（lingula），俗名海豆芽，是世界上已发现生物中历史最长的腕足类海洋生物，生活时代最早可以追溯到寒武纪。

② 索普（W.H.Thorpe），剑桥大学动物学系教授，他在动物行为学方面具有开创性的研究成果。

③ 鹡鸰（*Motacilla*），一种较常见的冬季候鸟。

# 第五章　学唱天赋歌声

过去两个世纪以来，人类总结出了一条实际经验，即，生物的每一部分都适用于某种目的：翅膀帮助鸟类飞行，花冠用来吸引授粉的昆虫。这种经验观点非常巧妙地解释了为什么身体的各个部分彼此保持独立并且合作良好。没有翅膀的燕子或是没有花冠的玫瑰花极少有生存的机会，即使不是出于自然界的无情，其自身的悲哀也势必导致其消失。然而，鸟类如何获得翅膀，玫瑰花又如何获得名副其实的花冠，那种经验性的想法在解释这些过程时就不免显得苍白无力。

燕子当然不可能如同向裁缝预订燕尾服一样获得双翅。没有翅膀的燕子其实就不是燕子了，它无论如何也不可能再跑出去适应现实的大千世界。因此有些人就作出设想，从最初刚有羽毛的雏鸟，到变得与麻雀相似，最终变形成第一个告知我们春日信息的飞舞使者，燕子在这样的过程中，像是分期付款购买一样，每次获得一点特征，最终，燕子获得了自己身上的那套黑色盛装。但是，半成品的燕子该怎么办呢？这实在难以想象。对这种漫无目的的旅程，燕子为什么还这么辛苦呢？很显然，燕子从来都不知晓自己艰辛旅程的最终目标。有谁曾见过半成品的燕子？有哪个古生物学家曾挖掘出处于某种假定的中间状态的、半成品的蝙蝠化石呢？无论是燕子还是蝙蝠，一旦出现在化石记录中，都是已经完全形成的，在它们之前，并没有任何预兆或是与它们相似的生命体。

道金斯[1]曾试图借助于计算机重建这种历史过程。他利用一些模糊的草图，一行随机选择的字母，通过一系列盲目、连续的“变异”，过了一段适当的时间之后，他在他的电脑显示器上成功地完成了一只苍蝇的轮廓，以及一句莎士比亚的诗句。让我们以诗句作例子来说明。利用字母表上随机变化的单个字母，最初乱序排列后，再将排列打乱重新随机排列，结果是反反复复，恐怕要花上数百亿年的时间才能完成期望的诗句。实际上，完成任何诗句都不可能。道金斯自己的计算也差不多是这样的。早在两千年前，西塞罗就认识到了同样的问题，他曾写道，如果在地上任意书写，永远都不可能写出诗人恩尼乌斯的诗句。[2]

那么，道金斯又是如何办到的呢？他的做法就是在电脑的存储器中事先导入一句莎士比亚的诗句，然后再设定一项规则：任何字母如果随机出现在正确的位置就会在该位置停留下来，不再改变。一个又一个字母都在它们被指定的位置上确定了下来，事就这样成了！在电脑的显示器上就出现了莎翁的诗句了。道金斯在他的《盲眼钟表匠》一书中对此进行了描述，通过这些实验暗示生物各种形式的来源都毫无计划，而是随机组合的产物。实际上，他的实验所证明的恰恰相反。事物形成只有通过某种计划，或是预先构建的设计，否则就什么都不会发生！莎翁诗句能够奇迹般地出现在电脑屏幕上，实际上是因为道金斯在背后操控，指挥着所有的字母去占据它们特定的位置。

这是不是意味着在自然的法则之下，燕子或蝙蝠在存在之前，能够

---

① 道金斯（Richard Dawkins，1941—），英国皇家学会院士，动物学家，进化论者。著有《盲眼钟表师》《自私的基因》等。

② 西塞罗（Marcus Tullius Cicero，公元前106—前43年），罗马文学黄金时代的天才作家。恩尼乌斯（Quintus Ennius，公元前239—前169年），古罗马叙事诗人、戏剧家，罗马文学之父。

逐渐或突然间就获得它们的外形呢？灾变理论的数学家托姆[1]为我们提供了一个清晰的概念，通过将活生生的结构与几何学中的图形进行比较，进而表明，原型的形式通过有限次的变化，在被存在波捕获之时，就会成为实际真实的存在。

现生的各种生物形式总是在展示或见证自身的独特之处。这主要表现在，生物具有一定的结构、符合某种预设的计划，比如，能够唱歌或散发味道，所有这些都与自身生存、实际功用或是维持生命的功能相去甚远。

伟大的丹麦作家卡伦·布利克森[2]曾痴迷于笔直如蜡烛一样的栗木花、充满枝条的丁香花、如金色冰柱一般悬垂的金链花、充满白色和玫瑰色的山楂花。她不敢想象，这些无限的变化仅仅是大自然出于节约而采取的必要手段。她宁愿将这一切视为一种全宇间喜乐精神的明证，这种喜乐是“幸福之杯满溢时的流露”。如果我们试图仅仅从生存或实用性的角度来解释所有生命体形上的变化，我们就是在否认大自然的特质及其特定的存在理由，不但如此，还将这些诉诸与它们自身无关、外在的若干“道理”，甚至将二者混淆起来。我们将它们放在电子表格中，在这样的表格中，生命形式彼此之间并没有差别，也没有任何一种形式与其自身是等值的。这种行为破坏了生命形式的唯一性和外在特征，这种对形式的处理就像是为它们贴上纳税识别码一样，这些条码唯一的功能就是保证没有人可以逃税。如此一来，这些分类单位如物种、科和目——如果灵魂坚持保有自身的存在理由，那么，让我们统统拿起武

① 托姆（René Thom，1923—2002），法国数学家，发展了灾变理论，对连续的过程导致的不连续结果提出了数学阐释。1958 年获得了数学界的最高奖——菲尔茨奖。

② 卡伦·布利克森（Karen Blixen），1885 年生于丹麦，早年就读于哥本哈根艺术学院，后到巴黎和罗马学习绘画。1937 年，出版了《走出非洲》，1960 年，她又以非洲生活为素材撰写了《草地绿荫》。

器，向税务人员捍卫我们的个人账户吧！

物种彼此之间差别迥异，这并不是适应或投机主义方面的问题。差异的数量上远远超过了功能上的必要性，这些差异有点像是支票簿中厚厚的存根联，也像是生命现象的一次次迸发。波尔特曼[1]曾对虎、鹿、人等高等动物有过这样的评述：它们深知自身在自然界中的角色，并展示着自己。组织化的程度越高，就会有更多的形式集中展现在生命等级的终端，也会有更多的生命组织形式。老虎的面容是展示力量的杰作，显著突出的犬齿、咄咄逼人的双目充满野性，张扬的刺须、整体的白色外围不乏凶猛，敏感的双耳向后弯曲。老虎身上的条带与身体的结构很吻合，这种条带仿佛是为了展现老虎厚实的肌肉组织与敏捷的弹跳而专门用画笔画上去一般。老虎可不是适应丛林生活的俗物，也不是在林中诞生的。虎在丛林中怒吼，成就了丛林。那些戴上口套的马也有高贵之处，体现在眼睛、耳朵、鼻孔以及典雅的步态。

较为低等的哺乳动物，如松鼠，身体上也具有条纹用以划分身体的躯干部分，而它的鼻子却没有什么表情可言，也没有特殊印记。很多鱼类身体都具有鲜艳而绚丽的色彩，其中有些鱼类根本看不见身体上方的区域，这些鱼类身体上的颜色分布与其内部结构没有任何关系，那些颜色只像是画家调色板上的各种颜料一样。

软体动物的各种外壳一直是体形方面的大师，这些壳具有多种装饰和螺旋，然而在深海中，这些纹饰却只能孤芳自赏。它们像是出自雕刻家或画家手里的艺术作品，艺术家为了这些杰作付出大量心血，可是却又对这些作品漠不关心，最终它们都沉到深深的海底，而且数量惊人。

---

① 波尔特曼（Adolf Portmann），瑞士生物学家，主张人的遗传所特有的方式不是生物的，而是社会的，人是文化的创造者。

汤普生[1]曾观察过，螺旋形的外壳符合数学规律，是大自然的产物，大自然只是经过几何学运算的多种形式的真切反映。这些纹饰都是一些抽象派画家的精美作品，这些作品在美术馆和艺术市场是见不到的。涡螺（*Voluta*）的外壳上“绘有”明暗相间的条带。壳体边缘在生长的时候如同不断向前推进的水波，而把彩色的分泌物留在了波的尾端。如果这种分泌物只是分布在壳体边缘有限和特定的区域，那么壳体就会产生与边缘垂直、类似子午线的包围结构；如果分泌物随着时间而发生变化，交替的条带就会与边缘平行分布，这样的过程断断续续。如果两种模式共同作用，结果就是一种网状模式：若干系列微小、深色的、大小不同级别的方块被白色区域分隔开来。所有这些都令几何学家或几何爱好者心旷神怡。

动物体形所体现的特征很少符合比较解剖学的内容，比较解剖学教育我们，在不考虑放大和缩小各部分比例的情况下，鲸和猫具有同样的构架。我们会用适应来解释它们在大小上的差异。比较解剖学是研究动物间相对应部分的科学，鸟和大象具有相同的脊椎骨、相同的肋骨、脚部的骨头数量也相同。鸟类的翅膀被简化为萎缩的前肢，而鲸的鳍则是扁化了的前爪。

容貌形态学（physiognomic morphology）旨在寻找动物自身部位体形的整体意义，这门学科告诉我们动物自身所展示出来的内容。这门科学本身是人性论者的舞台，又被诗词所毒害，因此也没有得到太好的声誉。让我们跟从鲍勃鲍姆[2]描述的提示，比较一下鸟类和哺乳动物吧！

---

① 汤普生（D'Arcy W Thompson，1860—1948），英国生物学家，著有《论生长与形式》（*On Growth and Form*）。

② 鲍勃鲍姆（Herman Poppelbaum，1891—1979），德国人类学家，大众科学家，著有《人类与动物的基本差别》。

四足哺乳动物具有毛皮、体味和分泌物，总是倾向于融入周遭环境，它们吸纳周围的外部环境，以有机排泄物的形式消化排泄，它们在体内孕育后代，再用乳汁哺育后代成长。厚重的头部指引着全身，靠嗅觉前进辨认道路，依靠与大地母亲相结合而带来的强烈气息与味道，颜色为灰褐色，与土地本身差不多，四足动物会颤抖、嗥叫甚至哭嚎。鸟类的躯干包围在骨质的腔内，腹部穹隆状，头部很小，像触角一样附着在躯干上，像是分开的潜望镜，捉、咬、筑巢全靠它了。鸟的脚枯干皱缩，又显得机械呆板。孕育后代的工作在体外进行，与后代之间被一层不可超越的壳所分隔。羽毛形成了一层角质外层使身体与外界隔绝，没有羽毛的鸟是无法辨认的，仿佛已沦落为“悲惨的化身”。作为鸟，一定要有羽毛，羽毛标识出了鸟的外观轮廓，也展示其自身的斑斓色彩。鸟类靠双脚站立，靠翅膀飞离大地，它的舞台在空中，在天上，在远处。鸟类的肺和气囊吸入大量气体，脆弱而轻盈。斯泰纳[①]曾说过，鸫科鸣禽（*Thrush*）是用肺进行思考的。鸟类的自豪之处在于它的双翅，正是这翅膀，使它“手臂”上许多微小骨骼呈庞大的扇形伸展，而构成这些伸展的却是灿烂而缺乏生机的羽毛。凭借这些，鸟类能够在天空中自由展翅飞翔。

并且歌唱。

银莺科（*Silviidae*）是麻雀家族中小巧、灰褐色的成员，其中最知名的要数黑顶莺了。它们非常擅长充满活力的歌声，早在出生的第二周时，它们就开始了最简单的练习，一个月之后就能完整唱出它们的快乐歌声了。银莺科鸟类每个物种的歌声都是独一无二的，都不必经历训练和学习。即使这些鸟被放置在无声环境中，即使从孵化阶段开始就一直

---

① 斯泰纳（Rudolf Steiner，1861—1925），奥地利哲学家，认为艺术和科学的创造力人人生而有之，关键是要通过某种方式将其智慧释放出来。

处于无声状态，它们的歌声还是会在适当的时机突然迸发出来，所有的相关专家都认同，这并不是“适应”在起作用。银莺某些种类的个体甚至还可以在毫无听力的情况下继续唱歌——能够在完全失聪的情况下演奏它们的第九交响乐[①]。劳伦兹[②]的观察证实了这样的发现。他告诉我们，蓝喉歌鸲（*Cyanosylvia Svecica*）在安静、放松的时候还会演奏音乐，唱出一种和谐而复杂的歌声，那是一种音乐上罕见的欢愉之声，它还会坐在矮丛中“吟唱自娱”。当成体鸟类出于某种目的——防御其领地被对手占据，或是吸引异性——而忙于歌唱时，这时的歌声往往缺乏优雅，仅仅是单调重复某些最为强烈的“段落”，这时的歌声也有些难听，但却很显然带有目的性。劳伦兹还告诉我们，套用波尔特曼的术语就是，鸟的歌声是鸟类与生俱来表现一种“自我展示”的迸发。这绝不是出于鸟类的必须行为，因为那样会对它们的歌声有负面效果。如果说成体蓝喉歌鸲只是为了适应，才从它数量庞大的全部曲目中选取几出刺耳的段落，那么，它在生存斗争中所歌唱的曲目就远远少于它所能歌唱的曲目了。

对金丝雀来说，情况就不一样了，金丝雀必须学习唱歌，记住所有的声音，以准备将来才能够歌唱。这并不意味着它们的歌声就不是天生的，而是表明这些歌声是隐藏的，只是在被唤起的时候才唱出来而已。它们隐藏了一首安静的歌曲，将这首歌隐藏在自身之内。其他的鸟类，如夜莺，甚至可以学会歌唱某种其他鸟类的歌声，它们当然不会每次都必须返回到祖先的样子。天赋内在的伟大之处往往难以展示出来，而学习并掌握的过程却将它们展示了出来。

---

① 作曲家贝多芬是在几乎完全失聪的情况完成了他的《第九交响乐》，此举堪称奇迹。

② 劳伦兹（Konrad Lorenz，1903—1989），奥地利动物学家，开创了动物行为学这一学科，1973 年获诺贝尔生理学医学奖。

天生的才能并不仅仅是在它们DNA的双螺旋结构上，也在养育鸟类的各种牢笼所局限的狭小空间以内。正是基于形态发生场[1]的流露，才迸发出了灿烂的羽毛和欢快悦耳的歌声。

我意识到在这里所讲的一切都弥漫着一种信念，也就是，天生的必须是优秀的，所展示出来的一切天赋必须能够像百灵鸟的歌声一样，给人带来安慰和愉悦。我的感受可与进化论的抱怨形成鲜明的对比，在进化论中，“先天的”总是伴随着不良的暗示——败育的胚胎，或是某种原始的丑陋，对进化论来说，生命总是与过去有着痛苦的关联，而生命的目的和过程就是从这些依托中获得解脱。

天赋才能是崇高的、具有独一性，而且无与伦比，当我认识到这一点，而且又发现这些已经完全超越了我的判断，我感觉自己完全被折服了。世界之美庞大而壮阔，同时又精准得一丝不苟，而它们却要被比喻成如同暴风咆哮一般愚蠢的痴傻行为，或者是在背诵神祇圣剧时所产生的若干处语法错误。从过去的混乱和无头绪中产生了我们以及我们所承诺的未来，我们能相信这些吗？含苞待放的花蕾是圣殿中的圣殿，它提醒我们屈膝下跪，由衷地说“Domine, non sum dignus”[2]。

---

① 形态发生场，相关讨论见第六章。

② Domine, non sum dignus，天主教做弥撒时候的拉丁文用语，意为“天主，我不配”。

# 第六章　苍蝇与马差异何在

科学家在否定神学家时享有一种特权，对任何问题，即使是科学理论的核心部分，只要回答一句："抱歉，我不知道。"就万事大吉。对本章标题所提出的问题，这也是唯一诚实可信的答案。我们能弄清楚为什么有的花朵呈红色而不是白色，什么阻止了侏儒的长高，截瘫患者或遗传性贫血患者究竟是哪里出了差错。然而物种的神秘性总是困惑着我们，长久以来我们所知晓的这一切，一直以来却没有进一步的进展，正如说，猫咪生了小猫是因为猫咪是一只与公猫交配过的母猫，还有，当一只苍蝇的幼虫从苍蝇的卵中孵化出来的时候，苍蝇就成形了，这一切究竟为什么？

在科学曾试图解惑的诸多方面，我们并不知晓答案，同样，对于物种的内在差异，即染色体、基因、DNA 等方面的差异，尽管已有满意的解释，可是，如果我们想要解决分子层面上各个物种起源的根本问题，我们就不得不承认，目前这个答案仍处于期待中。尽管我们曾一遍又一遍地遐想，已经到达了最后的门槛，只要跨过去，就足以获得答案，可是……没有答案。即使我们已经掌握了各种神秘符号，并利用这些符号破解了最新的碑铭图志，可是所得到的解读也仅具有普遍性意义。

采用孟德尔在研究豌豆过程中所使用的方法能够确定形态或功能上

的差异是否基于基因上的差异。由于基因的关系，具红花的豌豆有别于具白花的豌豆。同样道理，红色复眼的果蝇也有别于白色复眼的果蝇。人类的血友病与 X（性）染色体上的基因密切相关，而遗传性贫血与合成 β-血红蛋白的基因有关。然而，猫和苍蝇中的基因却对这些发现提出了挑战，同样引起质疑的还有控制眼睛和耳朵的基因。

人们曾一度以为，使猫成为猫就在于猫具有猫的独特基因，苍蝇具有苍蝇的独特基因。蛋白质比较分析学表明，这只不过是人们一厢情愿的想法罢了。蛋白质是基因的直接（或几乎是直接）产物。在主要对细菌和真菌进行的生物化学研究中曾得出令人振奋的启示："一个基因对应一个蛋白质"。基因和蛋白质都是聚合物——由连续的亚单位组成的分子长链。基因项链上的珠子就是核苷酸，蛋白质项链上的珠子是氨基酸。三个核苷酸联合起来"锁定"一个氨基酸密码，因此，一个带有 900 个核苷酸的基因会产生一个具有 300 个氨基酸的蛋白质。核苷酸只有 4 种形式，而氨基酸却有 20 种类型。这 64 个核苷酸以三联体形式与 20 个独立的氨基酸之间的相关计算法则就构成了所谓的遗传密码。

关于"遗传密码"有些不贴切的说法已经得到广泛传播，比如说，拉斐尔或莎士比亚的遗传密码，"你的密码""我的密码"，或是"猫的密码""苍蝇的密码"。这种表达是错误的，因为遗传密码是通用的，拉斐尔与他家的苍蝇，以及你我家的苍蝇采用的都是同样的密码——使用同一本密码书将基因破解成蛋白质。事实上，破译遗传密码的研究人员当时就意识到了密码的通用性。对此，他们并没有表示出莫大的惊奇——仿佛他们早就知道了一样。之后，从那个时刻起，很清楚的一点就是：家猫与苍蝇或病毒与蓝鲸之间的差异绝对不是遗传密码能够表明的。

实际上，当一个人不恰当地使用"密码"这个词时，他所指的是遗传的天资（endowment）——用文绉绉的话来说就是——遗传的"文本”，这些遗传的文本被破译成为蛋白质之后，才能说明伟大艺术家和他恼人的苍蝇之间的差异，这样的解释才是令人信服的。

让我们重申一下这个问题：遗传文本或其产生的蛋白质之间的差异能够解释动物之间彼此有别吗？如今我们已经了解了多种多样的蛋白质，并能够提供答案。我们现在就来看看这一切到底是怎么回事吧！

问题起始于蛋白质分析。许多蛋白质都具有普遍性，也就是说，在所有物种中都存在。足以引起注意的是，细菌、动物和植物中80%的酶都是共有的。最早分析蛋白质的人员选取的酶有大约100个氨基酸那么长，在所有生物中都存在，即细胞色素C。接着就对它在大量物种中的情况展开了细致的逐步分析。在人类和黑猩猩中，该分子的差别只是一个氨基酸，在66号位置上，人类是异亮氨酸（isoleucine），而猩猩是苏氨酸（threonine）。猴子和马相差14个氨基酸，马和响尾蛇相差21个，蛇和鲨鱼相差24个。而在金枪鱼和苍蝇之间有25处差异（包括苍蝇多于脊椎动物的4个氨基酸）。笼统地说，人们或许可以得出这样的结论，亲缘关系越是遥远的物种在蛋白质分子构成上的差异就越大。认识到这一点之后，有人就设想已经完成了壮举，并最终在分子水平上弄清楚了物种差异的原因。既然在每个氨基酸发生改变的背后就是基因变异，那么，似乎后者就最终解释了为什么猫能成为猫、苍蝇能成为苍蝇了。

然而，这种解释仍旧失败了。分子差异与蛋白质的功能是不相关的，这一点已逐渐变得明朗起来。细胞色素C在所有物种——人类、苍蝇以及菠菜——中都存在，在功能上也是相同的，而被认为能够解释分子差异的各种变异完全是“中立分子”。细胞色素C在菠菜和人类中的行为是一样的。

迪克森[①]在1972年曾说："人们对生物的研究越接近分子水平，就越会发现他们的相似之处，彼此之间的差异也越发不重要，蛤和马就是这样的例子。"以生物化学的观点来看，马和马蝇在本质上是相同的。生命体的生物化学本质都是相通的。这一点在漫长的地质历史时期中一直保持不变，在形态上完全不同的物种之中亦是如此。这是分子生物学的重要信息。1977年，生物化学遗传学之父雅各布[②]写道："生物化学上的变化看来并不是生物多样性分化的主要驱动力……并不是生化方面的革新产生了生物的分化……蝴蝶和雄狮之间、母鸡与苍蝇之间，以及蚯蚓与蓝鲸之间在化学组分上的差异都是很小的，远远小于化学组分在其组织与分布上的差异。"

物种中个体之间的差异，比如在你我之间，是可以观察到的，这是生物化学上的差异。每个物种的个体差异都有一定的范围，而不是像在疾病分类学中所记录的潜在偏差，这些偏差对应于物种基因资源中较容易发生的变异。这很容易就可以在驯养物种包括人类中发现，环境压力倾向于消除野生种，而个体间的差异则得以保留。俄国遗传学家瓦维洛夫[③]在他关于谷物的大作中注意到，各种禾本科物种——小麦、大麦、粟、燕麦以及黑麦——均显示了相同的个体变异范围，都产生有芒或无芒的穗，都呈光滑或粗糙，早成或晚成，都具有黑色或浅色的种子等。对这些个体差异的模式，他提出了"平行系列"的说法，他据此还预言了当时未知的个体差异，他的预言在后来的植物学考察中得到了验证。

---

① 迪克森（Richard E. Dickerson），英国利兹和剑桥大学、美国明尼苏达大学等学府的教授，从事分子生物学研究。

② 雅各布（Francois Jacob，1920—），法国生物化学家、分子生物学家，1965年获诺贝尔生理学和医学奖。

③ 瓦维洛夫（Nicolay I. Vavilov，1887—1943），20世纪最杰出的科学家之一，他身兼生物学家、遗传学家、地理学者、农学家以及植物育种家等头衔。

几乎所有的谷物都具有冬季或春季的变种，而硬粒小麦（*Triticum durum*）却只有冬季种。瓦维洛夫一直在寻找春季的硬粒麦，最终，在1918年，他在伊朗北部一个隔离区域找到了。他用“内约束”或“形式律”，来表示物种的本能，以及亲缘物种之间的共通之处。

亲缘物种具有很多形态上相似的变种，也就是说，其物种变异的模式是相似的。这可以说明它们在遗传上的相似性，但却不能解释彼此之间的差异。我们可以通过国际象棋形象地解释平行系列的现象，黑白两方均具有相同的外形差异——王、后、马、车、象、卒——双方的差异在于无形的特征，即颜色。双方的棋子在彼此之间的区别远远小于自身中的差异。所有这些都回避了遗传学的方法，遗传学的方法必须要在不同的形式之间进行杂交。具有明确的、单一差别的物种却恰恰避开了我们的分析，同一物种中成员间可以进行交配，然而，不同物种之间的杂交却不会得到可繁育的后代。与象棋相对应的是，黑方的王可以和黑方的后结合，却不能说任意一个黑方的棋子和任意一个白方的棋子相结合。

引起动物形式发生改变的突变中，有些改变相当巨大，在形态上发生了真正的剧变。这种突变首先是在果蝇上被发现的，果蝇身体的某些部位发生了替代、缺失，或是重复。有的果蝇在触角的位置长出了脚，有的具有成对的胸节（因此产生了4只翅膀），有的完全没有眼睛。奇哉！我们从中不就发现基因正在为全体组织负责吗？换句话说，基因决定了身体中各部分的位置。而在最近几年中越发明确地发现，这些正被讨论的基因都集聚在了一起，形成了10个联合的系列，目前称之为Hox基因[①]簇。基因簇就像是果蝇的遗传缩影。第一个基因控制着前部

---

① Hox基因，即同源异形基因，在动物的发育过程中起着关键作用。这些基因首先在黑腹果蝇中发现，后来在包括人类在内的所有动物中均有发现。Hox基因在果蝇基因组中以一种惊人的方式排列：它们聚拢在一起，排列顺序与它们影响的体节顺序相同。动物中Hox基因排列的方式与果蝇基因组中相同，它们集结的原因仍不清楚。

体节，队伍中的其他基因控制着随后的体节。

这真是意外又非凡的发现。

最令人惊奇的事情发生在 1989 年，相同的基因簇（Hox 基因簇）相继在老鼠、文昌鱼、青蛙、水蛭以及蚯蚓中被发现，概括起来，在每种动物中都有，包括人类。在脊椎动物中，基因簇重复 4 次或 5 次，在不同的动物类型中，尽管不同的动物在胚胎发育中会产生明显不同的表达，但是基因簇中的每个基因分别对胚胎中的特定区域负责，控制着从头部一直到尾部的发育。果蝇中控制头部呼吸孔（供呼吸的开口）的基因在老鼠的头部得到了表达。与控制老鼠尾巴相同的基因在蝗虫或两栖类中控制着后足。所有的动物都具有相同的基因簇，这些基因簇对身体上的不同区域发出指令。因此，基因簇是普遍存在而且最古老的，它在所有动物的祖先中就已存在，在 5 亿年动物群的发展中依然得以完整保存。颁布哺乳动物组织体法则的基因也同样控制着昆虫的组织体。

如果我们将家猫中负责产生眼睛的基因转移到缺乏产生眼睛基因的苍蝇的卵中，尽管实际上调换来的基因来自具有蓝色圆眼睛的猫，但苍蝇依然会长出正常的红色多面复眼。

那么，到底是什么使猫成为猫、苍蝇成为苍蝇呢？负责调整身体部分的基因在动物中具有普遍性（就像遗传密码在生物中具有普遍性一样）。然而，我们仍然在寻找着，一定有确切的某种东西造成了生物之间令人费解的差异。有种观点正在得到越发广泛的支持，即，这种东西不存在于细胞最内部的分子核心，或许是在某种模糊的“场”中，透过这个场，苍蝇或家猫所具有的特定形式才得到明确展现。

有人会疑惑，这些最终的形式并不只是基因之笔在“场”中挥洒的结果，而是这些形式本身就具有某种重要的东西，可以用来构建生命自身。

眼睛的晶状体产生于前额表皮内部，胚胎中脑部的眼囊却向外突出，靠在表皮之上，此时的晶状体被披上了彩色的虹膜，虹膜来自完全不同的组织。如果一个蝾螈的晶状体被切除，它还会重新长出来——但却不是来自产生晶状体的前额表皮。它的形成是通过虹膜上皮细胞边缘的细胞发生脱色后，经过分裂，最终形成了透明的晶状体。通过不同途径达到形态上的相同结果，对这种能力，杜里舒[1]给出的说法是“等效性”（equifinality）。

有人或许会说，最终的形式就是促使发育占据已预先指定的空间。如果是这样的话，不单是蝾螈的眼睛，还有全部的动物——实际上，大自然中每一种生命形式——似乎都在为着一个事先为它预备好的杯皿、一处预定的场景，而奋力前行。托姆[2]曾说过：“每种适当的形式，都在渴望着生发，亦在吸引着前卫的风潮。”

这种思考方式在范塔皮[3]的汇聚波理论中，找到了类似的表述。石块落入安静的池塘之后，激起的振荡以同心圆的形式开始趋于无限地扩大，水波越向外，就越发逐渐微弱，直至最终消失。如果我们让池塘上的时光倒流，就会发现，微弱、广泛、呈圆形的水波开始形成并朝向中

---

① 杜里舒（Hans Driesch，1867—1941），德国生物学家，哲学家。

② 托姆（René Thom，1923—2002），法国数学家。见第五章第53页注①。

③ 范塔皮（Luigi Fantappié，1901—1956），意大利数学家。他在研究量子力学和狭义相对论的时候发现，所有物理和化学中决定于前因的现象，都受控于熵的原理。而另有一些现象同样被原因所吸引，而这些原因（吸引源）却处在未来，这种现象所受控的原理与熵（entropy）相对应，范塔皮于是提出了一个新名词，即逆熵（syntropy）。Syntropy的词根构成为：前缀syn，—with，tropi，to attract，syntropy主要意思是“吸引”。由于可以和熵的现象相对应，本文将这个词翻译为逆熵。根据热力学第二定律，任何形式的能量转变中，总有一部分能量要消耗在环境中。当能量达到均匀分布的状态，不再有能量差异存在时，就不再发生能量交换。这种平衡的状态就是所谓的熵最大状态，即“熵死”的状态。而逆熵的特点是通过产生差异的方式使能量集中，并使得整个系统的熵达不到最大化的死亡状态。在科学研究的因果关系中，通常原因都是已经发生的，处在过去。而在逆熵的世界中，目前还无法用科学的方法来研究，因为原因处在未来。范塔皮在数学上证明了逆熵的存在。

心移动，水波的直径越来越小，震动的幅度越来越高，随之而来的还有从虚无中汇聚来的其他类似水波。最终，当波浪离开其区域，在中央集中起来时，就会发生剧烈振荡，把石块吐出来。范塔皮 1941 年将这个过程称为“逆熵化”，以相对于真实物质世界“熵”值的增加。大约在同一时间，薛定谔[1]在 1944 年提出了类似的概念，即“负熵”[2]。如果我们把这些都对应到生物世界中，那么，汇聚波就像是一只青蛙开始变得越来越小，变成蝌蚪、原胚囊，最终成为一个卵细胞。当然，这是不可能发生的，然而，如果我们调转时间的顺序，我们就能够一窥未来的情景，未来不断昭示着当前，使当前沿着合适（等效）的途径，将未来实现。类似的实验都是不可行的，然而，这种故事却可以传讲，故事中不真实的一面恰恰体现了一种奇怪的反向逻辑，利用了数学上的术语向我们描绘出，最终的形式如何拉动现实，并终于得以成就。

在所谓的“基本归纳法”中，青蛙的原口唇可以与落入池塘的石块相对应，原口唇产生各种脊与腔，最终变成了一只青蛙。但是我们知道，任何有机物质——即使是死的或非生命体的，都能替代原口唇。原口唇并不是这一过程的原因，这个过程是预先就设定了的，是“自我组织化”了的，只是在等待一个可供响应的符号，开启之后，直达到最远端的水波方休止。在晶状体的例子中，先天注定的命运之手并没有随着过去而一起到来，而是在未来的那一端静静等待，水波最终会在目前的方向发生爆裂。这“最后的水波”——形式——并没有发生那些能够完成发育并且成就生命的事件。它只是接纳并略作调整，使事件朝

---

① 薛定谔（Erwin Schrodinger，1887—1961），奥地利理论物理学家，量子力学的奠基人之一，对生物学亦有很大的兴趣，1944 年著有《生命是什么？——活细胞的物理学观》。1933 年获得诺贝尔物理学奖。

② 负熵（negentropy），概念与逆熵类似。在一个相对封闭的环境中，熵总是增加的，熵的增加使有序趋向于混乱，而负熵正好反过来。

向最终的目标。“逆熵”的世界就是一个类似的宇宙，这里的时间反向流转。然而，命运之手总是静候于未来吗？那些将“命运”归因于基因的人，他们实际上不正是在颠倒世界的意义吗？也许这样做才能让他们以自己的意志来操控生命。

# 第七章　长不大的孩子

梵蒂冈花园的碧岳四世展览馆坐落于青山翠树之间，是一处孤立的山庄，似乎暗示着人世间一处失落的乐园，这里是宗座科学院举行会议的地方。1982 年，这里举行了关于人类起源问题的研讨会，基于在此领域略有成就，我也受邀参加了此次会议。会议的实际题目为“灵长类演化研究的新进展”。人类古生物学和分子生物学领域最壮阔的场景都在这次研讨会中展现出来了。与会的各位专家（不包括我）长期以来都在从事人类和猿类方面的研究，大家都一致认可应在会议主题的基本方面达成一致。

灵长类古生物学家们早在分子生物学之前就曾得出结论，而分子生物学家们对于人类以及我们的表兄——猿类分子方面的关注才刚刚起步。通过特定的比较和计算，当然，这其中的具体内容并不是本章要在此阐释的，分子生物学家提出一种假说，即，人类和猿类在演化树上开始分化的历史不超过 130 万年。古生物学者对此实在难于苟同，因为他们挖掘出来的人类化石大约有 300 万年历史，而且还发现有 500 万—600 万年以前直立姿势的人科动物——南方古猿（*Australopitkecines*）的若干证据。如果说人类是猿类的后裔，这一点已经成了广为接受的常识，那么，人科动物在人类之前的数百万年以前就出现了，为什么进化成为人类的时间又会如此漫长呢？为什么会有如此严重的间断呢？当时，人们广泛关注的仍然是亚洲人（*Ramapithecus*）的标本，这块标本被广泛认可为某种人科动物，位于从猿类到人类进化系列中的某一环节上，然而，这块不恰当的亚洲人标本却生活在1500万年以前，比演化的间断还要早很多。

任何一个从局外旁观科学界的人都不禁设想，科学家总是在尽力炮制能够适合他们数据资料的理论。诚然，就在科学家尽力使事实与某种预先存在的理论相吻合的时候，矛盾的发生就是常有的事了（在这里就有一个例子）。人类作为猿类的后裔是进化论者的信条，并已经成为自亚当被逐出乐园[1]之后新世界的一种象征，这种观念也在我们教科书的封面上大书特书。在各位与会的专家中，没有人敢于公开为这种致命的谱系关系进行辩护，每个人似乎都默默接受了这种理论，仿佛这是一种必须背负的道德责任，仿佛它是一种毋庸置疑的绝对前提。

于是，一种无耻的妥协就达成了。在进化树上，不合时宜的亚洲人被逐出了人科动物的分支，而被转移到另外的支系上。分子生物学家们同意将猿类与人科动物分化的时间向前推至700万年以前，古生物学家们承诺不再将人科动物的历史推到一致同意的700万年以前。这种妥协要求生物化学家们作出高度危险的让步，他们因此而不得不承认，能够标志突变长时间以来不断积累的所谓“分子钟”，在人科动物这一谱系上运转的速度要慢一些。

尽管猿类、黑猩猩、大猩猩以及猩猩（或是在后来的演化谱系中具有亲缘关系的种类）在演化模式中可能扮演着重要的角色，但是，在碧岳四世展览馆中，却并没有提及这些化石。只是在后来我才晓得原因所在：根本就没有猿类化石，只有一些局部化石化的标本，这些标本

① 《圣经》中，上帝第一个造的人叫亚当，亚当生活在伊甸乐园里，由于违背神的旨意被驱赶出了伊甸园。

的时代不过只是十几万年或多一点而已。化石的缺失相对而言或许还不至于让人感到特别难堪，然而化石猿类（术语应为“猩猩科”）的总体缺乏总归是难以解释的。似乎我们的众位野兽祖先们并没有在我们的家族相册中留下什么。

有一点是确信无疑的，那就是，对于某种鸟类或两栖类，而非尊贵的人类，我们的古生物学家可以非常明确地为缺乏化石的某种动物确定年代，判断其年代是否晚于具有 300 万—400 万年化石记录的某种动物。然而在这里，涉及我们人类自身的时候，事情就显得有些混乱，家丑还是不要张扬为好。我无意去探究古生物学以及几百万年以来人科动物的众多骨头架子——如，南方古猿（*Australopithecus*），能人（*Homo habilis*），直立人（*Homo erectus*）以及智人（*Homo sapiens*）[①] ——因为，确切地说，我感觉不到争论的焦点究竟是什么。至少我在梵蒂冈的研讨会上对这方面的内容涉及极少。

在对现生物种解剖学及基因结构进行对比的时候，人们又发现了其他一些更具有趣味性又让人确信的事实。

通过对相关物种特征的观察，解剖学家们区别出了“原始”性状（祖征）和“后裔”性状（裔征）。简单地说，当特征接近演化序列中的典型形态，与最古老的代表分子所具有的特征相似，同时，这些特征在所有物种胚胎中的特定阶段上都是相同的，这样的特征就是“原始的”。另外，当特征通过对比发现是由原始类型转变而来，在功能上有了分化，在适应上发生了特化，这样的特征就是“后裔的”。

系统学家们（如 20 世纪的罗莎以及 20 世纪后半叶的贝隆）已经根据幼态/成熟态性状为同一科中的相关物种进行了分类。在古生物学中，

---

① 这里提到的都是和人科动物相关的生物属种的专业名称，全是生物学上的属种名字，智人即现代人。

这种分类方式是行不通的，因为这种分类所强调的是发育方面，发育在幼态、原始的物种中进行得很缓慢，而在成熟的、后裔的物种中进行得要快些。幼态的物种相对于它们的成熟态类型更加活跃、更加美丽，也更加富有活力。以幼态的马和成熟态的驮兽为例来说吧，马是暴躁的，体态优美，充满烈火，而驴子却是倔强、平庸而懒散的。现代观点通常认为后者较前者更加聪明，因为现代观点更加注重实用性而非精神性，褒扬中立性而贬低富于激情性。

人类处于猿类的幼态程度，而女性较之伴侣更是幼小。如果我们继续坚持这样的认定，或许就变得有些好笑了。我要说的是，植物比动物要更为成熟（更为坚硬，更为冷酷）——植物的花朵除外，在花中，植物全部的青春都得以爆发、燃烧和释放，对于花中之王的玫瑰花，在花蕾阶段就如此了。

根据这些定义，人类只是一种“原始或幼态”特征的辉煌展现，人类的无尾表亲虽然具有相同的特征，其特征明显是“后裔或成熟态的”。

人类的头盖骨缺乏穹冠以及凸起的眉缘，缺乏与黑猩猩相似的夸张口部，也缺乏突出的犬齿。这些“缺乏”——从几何学上的球形特征来讲（鼻子除外）——是一种原始特征。这种特征可以在最古老的灵长类化石中，在胚胎中，在年幼的猴子身上都能找到。这种特征随着年龄的增长，会越发明显地表现出来，使它们呈现出兽类的样子。我曾经在奥地利萨尔茨堡一所动物学博物馆中看到过一副展板，上面布满了大猩猩怒视的头盖骨，而其中有一枚特征精致的标本来自人类，面对此景，人们或许会猜想，究竟哪一个才是新生大猩猩的头盖骨呢？

后头孔位于人类头盖骨的后下部，在中央胎位上与垂直的颈部相连接。猿类的婴幼儿阶段也是这样的，然而，猿类在成长过程中，孔的位置会向后退，而大脑的位置不变，大脑仿佛被颈部和下颚包围起来了一样。我们具有直立却不僵硬的脊柱，与那些具有老态而略弯曲的脊椎骨、用膝关节行走的动物相比，何等高贵啊！

再来看看人的手，兼具开放与含蓄的人类手掌，其良好的发散状结构，是一种原始的组构模式。同人类相比，其他所有哺乳动物的手掌都由于特化而具有一定的畸形和牺牲。猿类的“手”狭长，具有钩子，拇指极短；狮子的“手”收缩成了爪子；牛的“手”缩减为只具两个趾，而马只剩下一个趾了，鲸类的“手”则变成了关节僵硬的鳍。

我们总是以我们的头脑而自豪，我们的头也具有一种幼态的特征。头部在新生儿和婴儿阶段相对大一些，这种情形在人类、猿猴类和猿类中都一样。似乎可以这样来概括：人类的形式代表了最原始的、原型的和最早期的哺乳动物，这种形式属于儿童，也属于初始，是一种范例。我们或许可以认为：人是所有哺乳动物形式中最原始的，当然，这里的“原始”并不代表着人类认知初始阶段的野蛮行为，也不是表示粗鲁和凶残意义的“原始”。

人类啊，尤其是女士和年轻人，肃立吧！抬头仰望，站直了，张开你的手臂，要知道，你就是俊美、原初以及完美的化身，你就站在初始的端点上，你的身体见证了原初生命中恒久不变的古风。

所有脊椎动物的胚胎在发育期间都很相似，这个阶段的胚胎就像是一个细小弯曲的法式面包，都是在两眼中间夹着硕大的头部，还有一条突出的尾巴。随着胚胎的逐渐成长，他们逐渐分化为各种不同的纲（鸟类、爬行动物、哺乳动物）、目（食肉动物、鲸类、灵长类）以及科（狐猴、猩猩、人类）等。

怀特在小说《永恒之王》[1] 中曾讲过一个故事，古尔德[2]也曾经引

---

① 英国作家怀特（T.H.White）的《永恒之王》（*Once and Future King*）是一部关于亚瑟王的传奇故事。

② 古尔德（Stephen J.Gould，1941—2002），美国哈佛大学古生物学家、科普作家，著作丰厚，曾在进化理论上作出重大贡献。

述过这个故事。上帝创造了一系列彼此相像的胚胎，并命令这些胚胎在王座前列队，上帝询问每一个胚胎长大以后想要成为什么：嘴、爪子、毒牙等。每个胚胎都提出了自己的请求，然而人类胚胎却对上帝说："如果我可以自由选择……我要一辈子都做一枚毫无特殊预备的胚胎。"上帝对他的话感到很高兴，就说："直到你死的日子，你将一直保持为一枚胚胎，你将永远作为一个孩子，在想象力及可能性方面，你将无所不能；能够理解我们的些许悲伤，也能经历我们的丝丝快乐……"

于是，人类便永远都是一个孩子，这便是最为特化的生命形式存在的宿命了，不单是在身体的形式上，而且在精神世界中亦如此，即，虽然不具备什么，却依然要面对周遭世界，他必须一直要学习，并要不断探索他身体内部一个又一个的故事，一直保持一种悬而未决的状态，一直处在十字路口抉择徘徊：究竟是要走向虔诚圣洁还是要堕落到地狱，究竟是要在诗意中浪漫享受还是要在平凡的生活中腐败消亡？比安西奥蒂[①]曾说过，每个人的体内都潜藏着彼此不相知的若干自我，我们生来就是一个"群体"，死的时候却只是自己，或是一个无名小辈。在所有的生命体验中，人类对于自己是谁以及即将面临的命运是最不清楚的。而所有动物们的胚胎却不同，它们可以变成狮子或是绵羊、老鹰或是小鸡，成为一条小虫或是变成一只蝴蝶。人类就像是一只迷失的小鸟，正在不断探寻属于他自己的歌声。面对如此众多、一系列的选择，他真正的宝贵之处就在于要保护其内在的贞洁与天真，永远珍藏着他的内在，就像生活在肯辛顿公园里的小君主彼得·潘[②]一样，永远都是长不大的孩子。

这个故事的有趣之处还在于，并非只有胚胎学家或解剖学家称我们

① 比安西奥蒂（Hector Bianciotti），法兰西学院院士。1930 年出生于阿根廷，1961 年到巴黎，开始从事文学创作。

② 彼得·潘是童话故事的主人公，永远都不长大的孩子，生活在梦幻岛上。

为彼得·潘，分子生物学家坦普尔顿[1]也是这样认为的。坦普尔顿将种种不同的现代物种内相关分子进行了比对，进而确定出了物种在地质历史时期发生改变分化的速率。最初人们认为所有现生物种的分化速率应该是相同的，因此就有了“分子钟”这个说法——即，用来衡量每个单位时间内每组足量“字母”发生若干变异的时钟。在普遍存在的分子细胞色素C中，发生变异的时间是每隔2000万年。其他的大分子也分别对应有自己精确的时间表。所有这一切都进行得相当不错，直到古德曼[2]开始使用通用的分子钟去衡量人类的演化谱系时，却露出了马脚。过去所谓的精确在这里完全不管用了。节奏慢了下来，分子钟似乎走偏了，而且分子方面的数据与古生物学上的发现产生了冲突。这就是我在本章开头所提及的不一致之处。

具有普适意义的“分子钟”一旦被束之高阁，生物化学界便不再质疑（无论如何总是可疑的）古生物学界所提出的时间问题了。接受了这些分化时间是有效可信的，他们现在就全力进入了一个并不如从前一样雄心勃勃的领域——衡量在一系列不同步时钟之间发生的微小变化。所有物种中遗传文本并不是以同样的速度发生着“衰变”。通过碳-14，我们可以获知某个骨骼及化石的年龄，与无情的碳-14不同之处在于，分子的“年龄”总是与现代生物交织在一起。

古生物学为人类和马确定了共同的演化历史，二者同时开始，又并肩前行，从他们的历史中，我们发现，有一点很清楚，马的分子发生了若干次“衰退”的速度较之骑马的人快了很多。自从人类从黑猩猩谱系中分离出来后，原始人类的线粒体DNA一共发生了13处“差错”，

---

① 坦普尔顿（Alan R. Templeton），人类古生物学家。

② 莫里斯·古德曼（Morris Goodman），通过分子生物学研究表明，在编码功能基因的DNA序列方面，黑猩猩与人的相同之处可达99.4%。古德曼要把黑猩猩归入人属，那黑猩猩就成为人类的兄弟。至此，人类与动物之间已经没有明显的界限，但人们并不情愿接受这样的事实。

而在黑猩猩中是34处“差错”。这意味着，从化学的观点来看，若将人类和黑猩猩的共同祖先进行对比，那么，人类所经历的变化要远远少于黑猩猩所经历的。严格说来，这表明人类所发生的进化较非洲猿类要少得多，同时也意味着，如果有共同祖先的话，更可能是人类，而不是猿类，人类的谱系与他四足如手的表兄相比，所保持得更像是婴儿。正是基于此，坦普尔顿得出结论道：“人类是灵长类世界的彼得·潘——永不会长大的孩子”，一个“分子的”彼得·潘。

在同样的若干年内，细胞学者们对人类和猿类染色体的细微结构也进行了对比，得出了令人惶恐的结论：神秘共同祖先的染色体与人类极其相似。同猿类和大猩猩相比，通过显微镜，人类被证明是“染色体的”彼得·潘，大猩猩这种动物似乎形象深刻地表明了生命过程中的复杂与累赘。

达尔文曾推测人类与猿类的共同祖先本质上应该是猿类，而且这种猿类应该从起初就一直保持它本来的样子，这种推测完全被瓦解了。事实是，人类一直保持着自己的样式，早在最初时，人类的分子和染色体就已在其中了。

正是分子生物学者以及细胞学者们引导我们得出了这种结论，这着实令人惊奇，正是他们这些人在探知细胞深深的核心内容，最终却也未能对物种间分化与演化提供任何信息。

难道说人类已经进入了一个化学上停滞的阶段，达到完美了吗？或许是因为疲倦了吗？他们发展出了抵制突变而行之有效的系统了吗？抑或社会结构偏爱生物化学上的停滞状态？所有这些问题都没有答案，尽管分子方面的探索有可能在已被接受的人类起源观点上引起较大的调整，它在这方面最有资格质问解剖学和古生物方面的研究，然而，分子方面的探索依旧失败了。

分子方面的探索为自身带来了一定的消极因素，他们未能认识到集体的创造力，难于理解和解释，似乎在专家中仍然是门外汉，不但不能与大众进行交流，而且对于毗邻的科学界也不知该说些什么。

终究，我们还是要感谢分子们！它们使神秘的事物更加神秘，它们应该得到我们的感谢，因为它们使人类回复到了青春，进入了黎明，而这些正是进化理论所要极力摆脱的——没有证据，仅仅根据一些所谓的推测，在这些推测中，丑陋与粗糙的一定是先出现，而优美与高贵的一定是它们的后裔。青春期竟然从预先的老龄中孕育而出，这是何等荒谬的偏见！

从上文我们所讨论的内容来看，很显然，人类比猿类要高贵，也比所有其他哺乳动物要高贵。人类可以免于进化，保持过去的样子，而今却又迷失在记忆中；若干劫难击垮了同期动物直立的姿势，却未使人类受到伤害，动物因此而长出了毛皮，或是利用尖牙利爪来武装自己，对这些，谁又清楚明白呢？我们又该如何区分古代人与现代人呢？古代人在他们的时代不也是现代人吗？现代人是历史的后裔，这历史拥有一系列老掉牙的经历，急切渴望着长大，然而，继续向前追溯，那些更为古老的后裔中的古代人又是什么呢？古代人永远都不是现代人，他们在自身所营造的纯粹、原始、天真率直的精神世界中栖居，而这些，都是儿童们拥有的自由世界。

# 第八章　只能讲讲你已知的事

日常用语“早上好”由2个词、11个字母[①]构成，这些单词、字母与话语本身所涵盖的信息几乎没什么关系。实际上，除非经过刻意的组织，否则单词与字母本身是不可能表达出特定信息的。“早上好”只是庞大复杂的语音世界中的一个有声表述，如果没有了这个语音世界，所有的音素就都失去了意义，更无法表达任何信息了。人们首先预设了字母，使字母具有清晰明确的发音，然后预设了词汇、语言、语法和句法。“好”来自道德的标准，用来表示良好的祝愿，“早上”实际上表示由行星运动而产生的一个时间概念，周而复始，却又远不止于此。所有这些大致已经含蓄地完成了这个由两个词所构成的表述，而实际上这个词意的表达却很少依赖词语本身，更多的意义来自与词语相伴的微笑，或轻微的眨眼，或是微微的欠身，甚至都不需要说出这句话，做些动作就足够了。当然，以上所提到的内容，无论是说出这两个词，还是伴随的肢体动作，都可以通过脱帽致敬来代替。

换言之，如果不在特定的上下文中，表述本身就是无意义的，即所传达的实际上是某种语境，而非表述自身。当说出“buon giorno”[②]时，

① 这里说的是英语“good morning”。

② “buon giorno”，意大利语，“早上好”。

意味着我是意大利人，我认识你、了解你，我们彼此在一遍一遍地讲话，互致问候，可是“谁在讲呢”，答案是：“单词本身。”

如果我们将这种逻辑运用在所谓的遗传信息中，如 UGGCGUUCG 等，也会发生同样的情形。该基因片段（更准确的说法是 mRNA 片段）“意味着”色氨酸（tryptophan）、精氨酸（arginine）和丝氨酸（serine），即三种氨基酸。然而，对于色氨酸，UGG 什么含义都不能代表。如果要把这些物质和符号关联起来的话，必须要通过一种奇怪的蝶式分子（tRNA）和一种蛋白质酶的作用，它们从生命的初始就无心地肩负着使命，同时，它们本身也被囚禁着，因为如果它们逃避，势必会导致遗传上的秩序崩溃。这些关联表现在数字上就是 64 对（每对都包含有蝶式分子和蛋白质酶），它们组合在一起，形成了所谓的“遗传密码”。从化学观点来看，这组密码非常具有随意性，其表述有些类似于摩尔斯密码[①]与字母表中字母之间的对应。只有电报码操控员才能知道某些滴滴答答的声音代表的是一个“G”，同样，如果不是事先被告知，没人知道 UGG 代表的是色氨酸。

遗传密码本身的随意性为生命的整体渲染了一丝神秘和不确定色彩。分子的生命并不是一种在一定程度上可以预见的建筑，也不是由轮子和齿轮所组成的机器，而是由众多难以理解的习俗所构成的一套体系，是仅仅在双方都签署之后才生效的一种契约。展示遗传密码表，仿佛是在借机表明已经揭开了生命内在关联的谜团，这实在是一种非常错误的行为，因为生命为自身设置了自己的局限性，对此，并没有也不可能有相关的解释。

“自然界的定规”即并非因情境需要而制定的规律——可以在生命

① 美国人摩尔斯在 1844 年发明了电报，它由“滴”和“答”两种基本信号和不同的间隔时间组成，也被称为摩尔斯电码。

各个层面上都能见到。就像是人们所谈论的遗传密码一样，这些规律在起初还比较随意，可是一旦开始启用，就变得义不容辞。它们在分子中、细胞中、物种的个体中或是在不同的物种之间，都纷纷建起了身份符号和识别标志。

迁徙中的蝴蝶群彼此之间都是相关的，它们舞动着翅膀，完成求爱仪式，之后又继续出发。这样的群体势必要求具有一套体系用以认同集体身份。单只蝴蝶并不晓得它自己是谁，但是它却晓得它所归属的集体。我们现在就来假想一只具有棕色翅膀和黑色色块标志的蝴蝶，它能够认出它同伴中所有的蝴蝶都具有相同的外观。这种外观样式似乎并不具有任何模仿意义，或许也不是为了惊吓掠食者，也不是为了吸收温暖阳光。这些色彩除了用来作为识别所属团体以外，或许就没有任何其他“用处”了。如果这个物种的翅膀具有不同颜色和样式，却因此而丧失了实用的目的性，它必然会招致反对。同其他颜色的蝴蝶一样，这些蝴蝶依然能够认识彼此。这就仿佛体育比赛中队服的颜色一样，队服呈现这样或那样的颜色并不重要，关键是，一旦球队成员穿上队服开始比赛，队员就不能再穿上其他颜色的队服了，否则他就会被逐出赛场，这并非因为新的队服对比赛不合身，而是因为它违背规则，即生物学意义上的团体身份识别体系。我们永远都不要追寻每个生动标志背后的实用性目的，或许许多标志无非源于某种习俗或传统。根据尼采的观点，道德法则的起源并不道德。某种受尊重的传统习俗在其起源中，没有任何“值得尊重”或是“习以为常”的地方。

昆虫徜徉于鲜艳、芳香的花丛中，以花蜜为食，抖掉身上的花粉，又飞回到了阳光下，继续寻找另一朵花，昆虫在作出特定选择的时候可能并没有任何实用性目的。换一种花形，换一种颜色，换一种香味，这些不同的花都能为昆虫提供食物，可是一种昆虫却永久性地选择了具有某种外形、颜色和香味的花，这种花就成为这种昆虫的全部世界，除此以外，它一无所知。昆虫这种微小的过客，通过其小刻面的眼睛，具嗅觉功能的触角，感知到了一个完全不同于我们所设定的一个世界，这个世界也许就是一个广袤无垠的深邃宇宙，是一种芳香的气息，是一种我们无法听见却与昆虫翅膀的振动和谐一致的天籁之音。这个广袤世界只有昆虫自己知晓。昆虫生活在一处，就已经——用马图纳[①]的话来说，“创造了一个世界”。这个世界的时空和样式都“符合常规”，因为它并不是强制选择的结果，也并非连续的背景与闯入者之间达成一致所造成的，因为正是微小的过客发现了这个宇宙，之后又融入其中，才因此产生了这个宇宙空间。昆虫并不能遗弃它的宇宙，除非它自己已经迷失，因为正是它创造了自己的场景，也正是这场景成就了昆虫自身。瓦里拉[②]曾写道：“思想与这世界同时发生。”

若要融入环境中，物种的同一性要求在生物与其栖居地之间能够达成一致，然而，毫无同一性的生物与缺乏生存主体的环境之间又怎能达成同一性呢？“一致性”必须要在各方事先就存在，正是一致性才构建出了参与者、场景以及彼此的理解。比安西奥蒂曾写道：“顺从在法律以先，并且在一定意义上，前者产生了后者。”

蜉蝣类就像是微小的蜻蜓，它们以数百万只群体方式在河道上飞行。成虫具有硕大的眼睛，无口器，通透的双翅，纤细的腹部末端呈长环状。林耐[③]在记录中说它们具有短暂的欢乐时光，通常只用一天就完成婚礼、生育以及葬礼。它们的幼虫生活在水中，或游或爬，或将自身固着在水底。

---

① 马图纳（Hunberto Maturana，1928—），智利生物学家。

② 瓦里拉（Francisco Varela，1946—2001），智利生物学家，与马图纳一起提出了生物自创生理论。

③ 林耐（Carl von Linne，1707—1778），瑞典博物学家，动、植物分类学和双名命名法的创始人。

一旦它们可以飞离水面，新生的成虫就开始交配，毫无浪漫可言，雌性个体成群游向上游，将卵产在接近水流的源头之处。从卵中产生的幼虫随着水流向下冲走，它们要花费大量精力来寻找一处多泥的环境，溪流中央快速流动的水体，或是边缘的停滞区域，或是这二者之间的某个区域，都可以选作它们的家园。就像在棋盘上一样，蜉蝣类每个个体在自己的位置定居下来，它们所凭借的是物种的本能，以及对集体身份的认同，每个个体在它自己的位置上都在按照它自身的方式生活，这种方式就是今西锦司所说的“习性隔离”[①]。并没有地域竞争，也没有繁衍差异。今西锦司还提及了原始身份（protoidentity），这是一种先天的身份感知，可以驱使该物种每个个体彼此相认，引导个体朝向特定的目标前进，并最终指导其短暂的生命和生活方式。柴古笃弘[②]曾将蜉蝣这种确切的定居行为，比喻为从胚胎细胞奔向生物体各种组织的运动。

古生物学告诉我们有花植物和丝兰飞蛾是同一时间出现的。然而古生物学关注的只是化石、印痕以及琥珀中的东西，时间仿佛对过去的世界施加了魔咒，古生物学对此无从知晓，对通过 DNA 分析得到的世界亦一无所知。

每种生命都潜在性地具有创造其世界的能力，生命本身又承载着它所创造的世界。我们所称为“信息”的事物实际上仅仅是一种暗示或是暗示的复合体，目的就是唤起某个世界。不同的暗示可以找到某一种或同种的世界，而同一种暗示也能找到不同的世界，因为世界对于符号实际上是自我组织的。bull，taureau，rinde，stier，toro，tjur，oks[③]——所

---

① 今西锦司（Kinji Imanishi，1902—1992），日本京都大学昆虫学家，生态学家。生境隔离，原文为“surniwake”，他用日文音译成的英语，英文含义为“habitat isolation”。

② 柴古笃弘（Atsuhiro Sibatani，1920—），日本京都大学昆虫学家。

③ 这些词在不同语言中都指的是“牛”这种动物，bull 是英语，taureau 是法语，rinde ，未知，stier 是德语，toro 是西班牙语和意大利语，tjur 是罗马尼亚语，oks 是挪威语。

有这些词汇都会使人联想到同一种动物。为了理解事物之间潜在的本质关系，我们常常绞尽脑汁去破解符号的含义（无论是在文字中还是在DNA中），这是根本没有必要的。就在我们完成对符号的破解时，除了能够重新构建尚难以确定的符号掌故以外，我们还是两手空空。尤其是在DNA文本与生命外在形式之间，其关系可类比于书籍中的文字与现实世界，二者如出一辙。书本的可读性在于其描绘的世界早已存在，只是通过某些图形符号将其形象地勾勒展示出来。所有的事物都已讲过，也都写过，书本的意义只在于唤起隐匿的记忆。书本只是在告诉一些你早就知道的事情。拉康[1]曾写道："在人类思考以先，早就有认知体系了，我们只是将其重现而已。"

奶奶常常坐在炉火边为我们重复某个故事，她所讲的故事中已经没有什么完整的句子了，而只剩下一些特定的词汇，一些由她的声音所构成的语调，与此相伴的还有房间里昏暗的情景，炉火跳跃着冲向烟囱，奶奶的黑色外衣，吹过窗格的风声以及时钟的滴答声。几乎所有的一切都将继续重复一直以来曾经的样式，即使忘记曾讲过哪个词，即使孩子在聆听中睡着了。孩子们期盼着已经讲完的故事是最动听和最新颖的，其实这些故事以前都听过了。

我们曾被告知在无月的夜空往往没有什么值得期许的东西，因为恒星总是固定在某一处，无论人们事先怎样设想，正是人类将这些恒星武断地划归为某某星座，用于参照和指示，或是赋予这些恒星以人类的传奇和英雄的故事，其实这些英雄在神话时代之前根本就不存在，因此根本就不可能将他们与超自然的壮阔联系起来。

---

① 拉康（Jacques Lacan，1901—1981），法国精神分析学家、哲学家、医生和精神分析学家，结构主义的主要代表，强调回归弗洛伊德的自我与潜意识的理论。

人所公知的一方事物往往是在另一方得以积累，经过有序的组织后，再由第三方反馈给我们，增加了一些已有知识点罢了，这就是真实情况：即对我来说，某人或某张图让我学会了辨认星星。然而设想一下，换句话说，我已经见过了那些星星，现在的学习难道是为了再次了解它们吗？这类设想似乎完全无用也无从考证。一个瞎眼的婴儿能够想象和期盼多彩的天空吗？

人们曾对鸣禽类的黑顶莺开展了一项实验。鸣禽类迁徙期间往往会在夜间出没，出发时刻来临时，它们开始变得很激动，争抢着要开始飞行，并要朝向西南偏南的方向。在实验中，这些鸟从孵化时起就处于隔离状态，直到9月或10月间，它们才第一次得见天日，这时夜空中陈列的璀璨星座有仙后座、天琴座（如织女星）以及天鹅座（如天津四）。尽管如此，黑顶莺仍旧开始变得躁动不安，毫不犹豫地就开始了飞行，方向还是西南偏南。如果这些星星都被遮住，这些鸟就开始平静了下来，不再躁动不安地朝向它们命定的方向飞行了。不同的季节，天空陈列出不同的星宿，该实验在春季又重复进行，此时的黑鹂鸟却飞向相反方向——东北偏北！难道它们在无从告知的情况下就能够掌握天象吗？波特曼[①]对此评论道："动物先天就知晓天象。"

这种假说使得所有对它的歪曲都落空了。当黑顶莺被放在行星仪之内，其头顶完全是一方人造的天空，它们同样也表现出了卓越的天文学天赋。鸣禽类的另一种鸟，小白喉莺，其特定的迁徙方向是东南方，而在地中海以南，它们会放弃东南方的路线，直接朝向南方飞。如果把小白喉莺置于行星仪之内，将天空调整为北纬15°—10°非洲海岸附近的夜空，这些鸟类立刻就会果断地朝南飞。

① 波特曼（M.Portmann），法国医学家。

在夜空中，小小鸣禽听凭其天生引导而飞翔。它们掌握了它们所熟知的一切。又有谁能说清楚，我们认为我们正在掌握的一切资讯有多少已经在我们身内，并在很久以前就一直期待着我们去寻找呢？然而我们这些现代人却选择了一种并不光彩的解决方式——认为我们所有拥有的一切都是昔日里获得或掌握的。可是，对我来说，当我第一次认出大熊座的时候，难道我不能说自己早就事先认识它了吗？

日本生物学者大野乾[①]出于基因的重复性考虑，支持进化论。他的妻子是一名钢琴演奏者，他与妻子一起，创作了一段“在特定基因文本中的”音乐，通过这段音乐，他个人的意思也得以阐述。他首先随意写下了一段基因代码，一段可以将核苷酸转换为音符的代码，在代码的彼此之间，他添加了音乐中的暂停与变奏，再附加上一整段充满想象力的伴奏。借由一名聪明的钢琴演奏家之手，最后的结果颇令人喜悦。在这一“作品”中，基因中的DNA所扮演的角色很庆幸地与其在细胞中的角色相当。DNA为了表达自己，最迫切的需要就是一段等待破译的代码。从这段代码中，产生了经过少量适应和改进的声音，使其可以在音乐的世界中得以表达，它变得与起初的分子世界大相径庭。大野乾将其称为“DNA音乐”，然而有一点是很明确的，完整的音乐世界，包括各种乐器、音乐演奏者、音符，这些都必须事先预备好，尚需经过音乐世界中一定约束的DNA才可以选择合适的音调，而变身为可被接纳的旋律。并不是说为了演奏音乐才把钢琴和小提琴发明出来，而是音乐不得不进行自身调整用以表现各种乐器的潜力；或者，还不如说，音乐与乐器同时产生。DNA并不能携带可以必然、自发产生音乐的信息，同样，DNA也不是基因信息的必然携带者。

---

① 大野乾（Susumu Ohno，1928—2000），日本北海道大学遗传学家，进化生物学家。

大野乾还成功进行了反向尝试，他从一段肖邦夜曲开始，浏览找出其中的代码，将其逆转录为一段核苷酸聚合体。通过这种方式，他找到了（天晓得他察看了多少基因）一段基因片段，这基因片段一旦被转译成为音符，就能够产生出与他注意到的肖邦夜曲非常相似的旋律。基因曾发生组合进而产生了世界早已歌唱的种种旋律，不可能吗？天赋的音乐，亘古长存啊！众多乐器演奏人员终于学会了演奏这音乐，最终还学会了转录音乐。

锥体虫的基因情况形象地说明了细胞中 DNA 所包含的信息相当不全面。由特别基因（COX）[①] 所形成的酶在 3 个种锥体虫中都是相同的，而每个物种中的基因却都有或多或少不完整或残缺的现象。狼蛛锥虫基因缺少 29 个字母（尿核苷），勾锥虫缺少 32 个，而布鲁斯锥虫残缺了全部序列的 60%。这三个物种的细胞在这些基因被转录为 RNA 的之后，分别开始修复它们破损的信息，通过添加损失字母（同时剔除少数几个多余的字母）的方式来补全这些信息，通过这种方式，一种具有正常活性的酶才得以形成。因此说，细胞对于正确的信息一直心中有数，如果出现了错误的形式，它会在产生的过程中就进行修正和调整。通过这些观察得知，遗传信息与其说像是降生婴儿的产房，还不如说像是一个公民重要资料登记处，在这里居民可以检查自己的相关资料，如发现疏漏还可以重新补充完整。

如果我的隔壁邻居大清早睡眼惺忪地对我嘟哝一句“早”，对我来说，明白这句残缺的问候语并没有什么难处，因为特定的时间和情境已经包含了足够的信息。

---

① COX，细胞色素氧化酶。

本章内容需要进行一定的补充说明，如果“我只能告诉你一些你已经知道的事”[1]，那么，我所告诉你的一切又有什么意义呢？有太多的事情都是你我共知却处于忘却与默然的中间地带，只是我们通常不会提起而已。本文所探讨的内容意在唤起我们思绪中的潜在领域，审视我们可以从容面对彼此的生活空间，如果能够拓展我们的前路，哪怕只有一点点，那将是再好不过的事了。

① 引号中的话是本章标题的字面意思。

# 第九章　生命形式早有定规

精致的螺旋壳体、雏菊花瓣的黄色花冠、薄比轻纱的蜘蛛网——所有这些符合几何学设计的图形似乎都是算术函数在空间展开的结果。

有谁不曾赞赏那些折射出彩虹光芒却又转瞬即逝的肥皂泡呢？聚集成丛的肥皂泡随风飘摇颤抖，即刻的工夫就平静地化为微小的水滴。生命并非呈现在这些水泡表面，而在于其内在的细胞与组织之中。这些细胞表面呈圆形，依靠外壁彼此相邻。肥皂泡只是肥皂水规则与定律的内在展示。有谁未曾对雪花晶体的设计而困惑呢？雪花很优美，呈六角星状，所有的雪花都是六角形的，可是彼此却都不相同。当把一小滴牛奶滴落在牛奶表面时，会引起牛奶向周围微小飞溅，我对此曾一度痴迷。我初次见识这种飞溅是在汤普生的《论生长与形式》一书中，它就像是皇冠上的装饰一样，总是搭配若干水滴溅起的条带。我把这幅照片复印后放在我的书桌上，有时去讲演的时候就会把它带在身边，并将这幅图作为我演讲所使用的唯一图注。它是我质朴而独特的冠冕，仅仅来自奶牛场。

让我对于这种飞溅的液滴如此痴迷的原因，难道仅仅是液滴落在液体表面引起混乱的一刹那吗？首先，液滴并非新生形状的真正“原因”，小液珠或是其他的某物才是罪魁祸首，将其比喻为优美的雕塑似乎太简单了。液滴的形状让我们想到了一种海洋银莲花植物，这种植物没有 DNA，没有基因，也不符合特定的原则。我这顶小小的冠冕来自一种撞击，并未经过任何演练、试验，或是自然选择。或许大多数人都有感于这种皇冠的产生并不需要任何时间，在一瞬间就发生了。早在其形成的时刻起，便一如既往，甚至在还没有牛奶的时候，这种情况就在树脂或泥浆滴落的时候发生了。难道这不能说成是“自主进化”的一个实例吗？

即将破裂的波形边缘，似乎是受到产生新波形的强烈刺激之后所产生的，它开始逐渐变得扭曲，不稳定，开始破碎，破碎之后的小液珠又彼此碰撞，最终形成像雾一样的微小液珠。之后，一切又归于平静，直到另一枚水波到来，这种令人欣慰的荡漾又开始重演。被海风吹拂冲上海岸的破坏波也是一阵接着一阵的，在某个时刻似乎是风平浪静的，可是，下一个时刻又突然开始风浪大作。通常，正如大海长久以来就是大海一样，每种破坏波的结构都彼此相同，无论是哪种波形的顺序都是如此，为什么这些波都具有相同的外在形式？它们并不具有亲缘关系，彼此之间也没有任何交流，它们不懂得思考，似乎只懂得表现愤怒。基于遵循相同的规则，它们共同组成一个相似的集体，这个规则却是由风带来的，风把它们吹聚在一起，又打散，然而，它们与风却毫不相干，毕竟，后者要是发怒起来要猛烈得多。在其他的场所之中，相同的风会产生旋风与龙卷风，或是在麦田上方产生波动的麦浪，而不会转变成具有破坏力的水波。

与水泡或水波前缘相似的外在形式多见于生物体中，细胞的形状就与水泡或呈丛状的水泡很相似。蜂窝的众多细胞就是众多小球彼此挤压在一起所形成的六边形建筑群。波状、呈圆锯齿形的结构——形似一只具有波状边缘的杯子，这种结构是许多原生动物的普遍特征。钟形虫（*Vorticellae*）是营固着生活的原生动物，通过一个肉茎来固着，它们向上开启时，呈铃铛形状，外边缘成圆锯齿形，整体像是具有钟形边缘的鞭子。

如果说在钟形虫、水波以及飞溅的液滴中所表现出来的波状起伏模式都服从相同的物理学定律，那么对于我们所探讨的主题就无足轻重了。汤普生的批评者们所反对的就是说他混淆了膜结构的张力和表面张力。笔者在这里想要强调的一点就是，生物体所展示出来的精美结构往往具有蔓藤花纹，这些结构与所涉及有机体的生物学复杂性并没有关系。钟形虫所具有的基因和DNA与蝴蝶或家猫在数量上是相当的。基因和DNA负责细胞的创生和繁衍，然而其形式更像是一枚张开的水泡，其中充填有生机无限的有机质，这些有机质能够复制自身。这就像是一个装满酒的瓶子，瓶子并不是由酒产生的。生命最简单的形式与其鲜活的原形质彼此之间毫不知晓。

放射虫以及海洋原生动物硅化的外骨骼形式极其多样，通过外壳的形态，它们被分为数百个种。其中某些种的外壳自寒武纪至约5亿年以前，就没有发生过变化。放射虫的骨骼实际上就是众多小型盒子的排列，从其整体边缘散发出众多呈羽毛状的微小装饰，这种外形其目的何在？目前还难以了解。有的呈多面体形，不断重复柏拉图式固体的几何学特征：四面体，八面体，二十面体和十二面体（立方体或六面体的形状可以在海绵的骨针中找到）。放射虫的外边缘呈规则的多边形，如果发生一定程度的弯曲，在其边缘就会发现有坚硬的轮生骨针。有趣之处在于这些实体外形在晶体中却从来都不会出现，它们都缺乏规则，仅仅在生物中才会出现——在优雅精致的几何学原理之下围绕细胞形成了众多盒状小室，这些特殊的形状被视为奇珍异宝，数百万世代以来一直代代相传。其他种类的放射虫骨架都像是小笼子一样，形似各种事物，如帽子、皇冠、龙虾壳、长吊灯等。正是通过在动物生命中最细微、最古老的一面，我们得以面对这种难以数尽的虚浮装饰，也见识了一种精工细琢的优雅。生命在形态学方面具有天马行空般的想象力，没有丝毫声张，也不见有任何赞赏，甚至还将这种体形封存沉积在海底约有5亿年之久，之后又在所有的热带区域大肆扩散开来。

晶体或雪花在许多方面与放射虫都很相似。在显微镜下观察，它们呈六角星状，其多样而优美的形状都是六基数的。它们像是六支战戟从基部拼合在一起，或是众多对角线浮雕化的六边形，或是无数朵六瓣花，抑或是从六边形中央伸出的六枚棒状突出物。它们与放射虫骨架的区别之处在于它们具有无穷多种变化，这些变化根本就不能进行分类，因为它们不是生物，并不能繁衍后裔。放射虫都是细心的玻璃匠，它们能够组装出穆拉诺[①]枝形吊灯，以及中国皇帝的皇冠。人们或许会认为放射虫相对于玻璃匠来说，超越之处在于大规模生产的技术以及创造奇迹的最简单做法。然而，再明显不过的事实却是：自然界的矿物早在生命出现以前就一直是构建各种形状的大师。

矿物晶形的形成始于最初的“种子”或“结晶核”，这便是它们的艺术秘密——从微小的晶核开始，直到璀璨的晶体。单片晶体可以破碎成众多碎片，这些碎片又会成为结晶核，从溶解的物质中产生新的晶体。有时即使是与晶体完全不同的碎片物质也可以作为一种结晶核。酒精就可以成为冰晶的结晶核。面对不会发生结晶的物质溶液时，化学家们一定会为之疯狂，因为一旦微小的晶体开始形成，千变万化的晶形便会随之产生。某些人似乎在控制结晶方面具有独到的天分，珀金斯[②]显然就是因此而名声大噪的，甚至人们都怀疑他这种罕见的能力是源于他浓密的大胡子内部隐而不见的结晶细菌。

---

① 穆拉诺（Murano），意大利威尼斯的群岛，众小岛之间由桥梁连接，形同一岛。穆拉诺以制造色彩斑斓的玻璃制品而闻名于世。

② 珀金斯（W.H.Perkins），英国人，1856年他最早使用了化学合成食品添加剂，最先从煤焦油中制取染料。他在晶体化学方面具有开创性贡献。

在生物作为结晶核方面有非常有名的例子，假单胞菌（*Pseudomonas*）、丽单胞菌（*Enimia*）和黄单胞菌（*Xanthomonas*）这三个属的细菌产生的蛋白质呈六边形对称，与冰晶结核非常相似。这些蛋白质在树叶上形成之后就为霜的形成创造了条件。霜的“基因”一旦被隔离，就发生一定的改变，以致不再能产生六边形的蛋白质，之后它会再次将其细菌宿主引入进来。这些发生改变了的细菌，如果在树叶上聚集，便会阻碍霜的形成。霜晶或雪花形同于生物构造周围所包裹的冰壳。

淡水原生动物鞭毛虫（*Stephanoeca diplocostata*）的细胞能够形成约 200 种呈弓状的硅的水化物。这种微小的单细胞动物将硅的水化物吞下去，又迅速将其转变为形如龙虾壳的网筐。然后再把网筐放在水中，用以捕捉可以为其提供营养的细菌进行食用。为了使硅结晶，原生动物从其蛋白质中分泌出一系列脂类或糖分作为结晶核，在最为微小的层面上编织着生存用的网筐，这种工作一开始就需要制造出晶体来，需要生物和矿物工厂的共同作用。

令人惊奇的、高质量的、数学上的建筑奇观是由一群相当古老的原生动物制造出来的，即有孔虫[①]，这些微小的生命形式能够通过其伪足延展端产生出华丽的钙质壳。钙质壳的生长从一个小型的空间开始，在球房虫（*Globigerina*）中这种小室几乎呈球形，除这一小室外，原生动物还会构建出一处更大的小室，让自己具有进一步伸展的空间。之后，它会再产生第三个和第四个小室，以此类推，每一个都比前面构建的要大些，而位置却相同，正是通过这种方式，一个精细的壳就形成了。在这种涡形建筑中，最内部的小室是最小而且最古老的一个。壳的外形对应于一种等角（对数）螺旋线，即缠绕着从基部发出并逐渐开阔的圆

---

① 有孔虫（*Foraminifer*），古老的原生动物，能够分泌钙质或硅质形成外壳，壳上有一个大孔或多个细孔，故名。

锥曲线。

腹足类软体动物是构建螺旋形外壳的大师。一条封闭曲线围绕着固定的旋转轴，在几何级数上始终与自身保持相似，即使按照几何级数进行放大，也不会改变，在空间上表现为等角螺旋形。正是通过这些缓慢又机智的数学方式，小小蜗牛便创造了自身的螺旋外壳，它时刻背负着这个外壳行走海角天涯，也取悦着众多软体动物学者们的欢欣。鹦鹉螺是一种寒武纪以来的头足类动物，其所产生的外壳可以被认为是微小的球房虫外壳的顶棚结构。动物自身占据着最后也是最大的壳室。这种壳是运用数学的荣耀之笔，设计得极具规律性，也相当精确。这种壳在许多化石层中都有发现，在5亿年之后，在其作为活化石的最后物种身上的曲线亦令我们痴迷不已。

我们前文所探讨的几何结构实际上并不是生命物质，而只是动物细胞所形成的矿物产物而已。它们并不生长，只是被隔绝之后沉积了下来，最终成为保护罩或盾牌、楼梯过道抑或是建筑奇观，活的生物体产生了这些结构，并以此为家，居住在其中。同样，野山羊及其他反刍动物的螺旋形角也都是外在的，都不是活生生的结构。

具有精细的几何学模式的生命体在生命的低等形式中极其常见，柔软、颤抖的外形无论是悬浮在水中还是停留在湖海底部，均倍显雅致与匀称。绚丽的海葵伸展着触角，像是朦胧而不朽的喷泉，珊瑚虫像是神奇的液滴，而某些水母还会让我们联想起旋风，或是具有一定节奏感的铃铛，当“铃声”响起，水中便发出微小的漩涡。珊瑚会产生出大致呈树枝状的骨架，作为一种固定的屏障，拦阻它们众多红色的幼小珊瑚虫突然冲出家门，这些珊瑚就像是精致的白色花丛。海星和海胆身体呈五角状，带着它们独特的星状标志或多针的身体安然栖居在海底或海草丛中。

河蚌会将珠宝深藏在两壳之间，这珠宝是“蠕虫的石棺”或是一粒沙，仿佛是从门缝中无法窥探的七彩水下公主，它就是珍珠，它也是动物世界里亦真亦幻、无尽美丽的一种象征。

整个植物界，可以说是在以最高形式，对几何学唱着赞歌。树干的同心环，树叶的规则外形，螺旋形的叶序，向日葵的花序，华丽的六边形或五边形对称的花朵萼片——所有这些都可以用简单的算术公式来表达。

紫罗兰的叶子轮廓呈肾形，可以描述为 $r=\sin\theta/2$，基于方程 $r=\sin 5\theta/3$ 的格兰迪[①]曲线所描绘的就是一朵简单五瓣花，而复合正弦函数 $r=(\sin\theta/2)-(\sin n\theta)$ 所描绘的就是七叶树的叶子。汤普生为此重复了伽利略的名言（也是古人柏拉图、毕达哥拉斯以及埃及智者的名言），“自然之书是用几何所书写”。

由此产生了一个问题，这也是本章一直在探讨的问题，到哪里去寻找这些符号和公式呢？在 DNA 中，在晶体的双平面角上，抑或是在液体的表面张力中？答案可能把所有这些都否定了，在其他地方也找不到，符号与公式如果不是想象力的重新再现，只不过是数学上的抽象罢了——从混乱的世界中抽象出来而已。然而，这并非伽利略或汤普生的思考方式，相反，他们将这些符号和公式归结为一种生产的创造力，一种高效率的活动。根据他们的观点，“法则”并不在这个世界中，它们或许只是宇宙中内在样式在某个特定时刻稍微展示其活力而已。它们只是将规则强加给现实世界的虚像。我在这里简要地补充一点，这些简单的法则或生命形式也可以在我们的心灵找到，使我们能够认识它们，并能够对现实世界理解一二。我还要再说远一点，这些法则和形式就是这个宇宙的灵魂。（见下文的第十一章，《未有身体，先有灵魂》）

换句话说，这些法则又把我们带回到了 17 世纪和 18 世纪时几代人

---

① 格兰迪（Guido Grandi，1671—1742），意大利数学家。

关于传播理论的争论：空气是不是会像阳光能够携带灰尘一样，带着所有事物的“细菌”，到处飞扬，随处落下之后就能产生微小的胚胎细胞，或者甚至会产生花朵、水泡、飞溅的液滴、晶体以及珍珠呢？

所有这些讨论的中心结论在于，在种种生命形式出现的过程中，“机会”毫无功用，除非这些生命形式的目的是为了壮大而展示自身。我们所描绘的种种生命形式全都是在首次尝试之后便突然出现，丝毫没有经历过“累积选择”的过程。

在这样的故事中，最吸引人之处莫过于体形所具有的普适性，其丝毫不会受到规模尺度大小的影响。相同的螺旋形式可以在银河系、微小的旋涡、蛋白质分子的 α 螺旋中都可以观察到，这些形式中每种的大小都是前者的十亿分之一，然而，它们都堪称是数学上的姊妹。

亚里士多德的三界划分——矿物、植物和动物——体现了相似的形式，居住在瑞典的葡萄牙籍细胞学家利马-法利亚[①]将其视为“同一性”，并在其著作《无选择干预的进化》（1988）中大加阐释。在金和天然金属铋薄片结构的侧面都可见呈锐角的脉络，很像是植物的叶子或枯叶蛱蝶（*Kallima*）翅膀的底面观。树枝状的结构在自然界很常见，比如在天然铜中，在源于 *DNA* 的 *RNA* 分子中，在多分枝状藻类墨角藻（*Fucus*）中，在水螅虫（*Aglaophenia*）的群落中，在鸟类的羽毛中。凝结的水蒸气所产生的弧线与真蕨植物的嫩芽、爵床属（*Acanthus*）植物的叶子、海洋“花朵”（海百合[②]）的触角都很相似。

无水硫酸钙晶体、海洋轮虫群落以及海鞘（*Octacnemus*）（脊索动物）都形似花朵一般。氯酸盐晶体、软体动物的外壳以及山羊角都具有细致的螺旋结构，彼此之间却没有丝毫可以仿效之处。

---

① 利马-法利亚（Antonio Lima-de-Faria），生物化学家。

② 海百合（crinoid），海生棘皮动物，形似盛开的百合花，故名。

利马-法利亚从这些现象中得出结论，认为宇宙就是一个巨大的晶体工厂，利用晶体和半晶体的组织能力，塑造着种种最终形式。生命对形状而言不是必需的，反之亦然。DNA、基因以及染色体这些后来之物，当它们出现的时候，所有的形态模型都早已出现在地球上了。所有这些分子的所作所为只是为了构建出多种多样的形状，确定之后再不断重复，它们最多不过是在其生物产物中引入矿物的模式，以此来美化调整，再将种种形状稳固下来。软体动物及外壳的基本形状从一定意义上说，是由碳酸钙决定的。为了制造出外壳，动物们只是在不断分泌角质素分子，以此来控制所形成的是一段长螺旋或小圆球。

形式在其极具生产力的核心中具有相当大的自我控制能力，生命所具有并持守的种种形式与形状实际上在矿物世界中早有定规。

# 第十章　差异显著，并非出于基因

雅典娜[1]拥有一双蓝色的眼睛，她基因中的虹膜色素一定发生过突变。仅仅因为DNA核苷酸上发生的一处基因置换就使她卓然不同于其他诸神，当然，也与追赶时尚、具有黑眼睛的凡夫俗子大不相同。雅典娜尽管是女神，对她自己的DNA却也无能为力。功能或外观上的差异通常对应于DNA或基因上所发生的变化，而并非众星宿的摆设陈列。

某些绅士头上的白色额发也是由基因所决定的。

我们所有的面相特征——高大或呈鹰钩状的鼻子、肤色、雀斑、视力——这些都是由一个或少数几个基因来调控的。

其他一些不明确的特征则是由一组基因协调控制。最常见的遗传调控往往伴随有不同程度的先天不足或疾病，有时，个体中也会偶尔出现一头金发或类似雅典娜的碧眼，这实在可以说是命运垂青，因为突变绝大多数情况下都只会产生一系列先天畸形，发生在老鼠身上的基因突变症状已经可以列出一个字母序列表了，列表的开头几项为“焦躁”(agitated)、“秃头”(alopecia)、“贫血”(anemia)、“运动失调”(ataxia)……结尾几项为“心率不稳”(undulating)、“恐惧”(vibrant)、“喜跑”(waltzing)、“喜旋转”(whirling)。

---

① 雅典娜（Athena），掌管智慧与正义战争的希腊女神。

以上列出的这些以及众多尚未提及的变化都可以追溯到 DNA 中所发生的变化。这些发生在遗传中的不幸遭遇得以出现，仅仅因为生物学家出于研究的需要，为了研究大量突变的积累效果，以期产生新物种，他们维护着这些特殊而惨痛的遗传不幸。然而自然界的物种是绝不会这样发生的，如果我们要构建某个新物种，就必须拥有值得保留的若干革新，可是这些革新都是不存在的。另外，亲缘关系相近的物种突变模式也相同，如果可以对此说明一番的话，这种情况明确昭示了生物之间的一致性，而非多样性。

那么，如果不是基因突变，究竟是什么导致了物种彼此之间的巨大差异呢？每个物种似乎都严格局限在其自身的领域内，即使若干变化积累起来也无法逾越彼此间的鸿沟。

我们在此探讨这个问题时所使用的某些术语并不适当，因为我们在这一过程中假定了存在某种机制，这种机制可以使一个物种通过对细微改变的积累而变成另外的物种。来自化石的证据又如何呢？相关物种或类群并不是在化石记录中相继出现的，而是在相同的时间和环境中同时出现，这被当作是某种神秘的生物大爆发或大辐射[①]的结果，这些相关的物种或类群都源于某一种形式，这种形式保持着某种特定祖先种的适应性，或者说他们可以回归到祖先种的样式，姊妹种及亲缘类群在本质上拥有相同的 DNA，DNA 在发生了特定的变异（如果真有其事的话）之后，物种便开始发生不同的分化。

显著差异的生命形式却拥有完全相同的基因，这方面的例子在自然界既显著又不胜枚举，奇怪的是，这些例子并没有引起人们足够的重视。外形上的多样性源于遗传上的多样性，如果当真如此的话，我们可

① 寒武纪时期，绝大多数无脊椎动物门类在几百万年的很短时间内“突然”“同时”出现，这种现象被古生物学家称作生命大爆发或生命大辐射。

以举出毛毛虫和蝴蝶的例子。二者的外表没有丝毫相似之处，毛毛虫动作迟缓，蠕动着爬行，颜色灰暗，嘴上长着咀嚼器，身体被均等地划分为多节，每节上都长有附肢。人们所熟知的蜕变不仅仅发生在外部形式上，一旦到达成茧期，毛毛虫的内脏器官就开始分解，外皮开始脱落，整个身体发生了翻天覆地的变化，只有少数几组细胞，即所谓的成虫盘体（imaginal disks），还保持着活力。自此，成虫的所有结构都发育出来了：触须、螯针、吻部、眼睛、多节的腿、翅膀，以及让蝴蝶成为美丽女神普赛克[①]化身的轻盈舞态。

毛毛虫与蝴蝶在形式上差别巨大，二者之间也没有演进关系，然而它们却都来自同一组无所不能的胚胎细胞，毛毛虫体内的部分胚胎细胞都能保持在体内，这使得这部分胚胎细胞在适当的时候可以完成进一步替代性变化。从毛毛虫到蝴蝶的变态发育过程受到肾上腺素和蜕皮激素的促进，同时又受到保幼激素的抑制。这些激素的效果既简单又普通，很显然并不是为了能够在毛毛虫的尸身上设计构建出令人称奇的美丽蝴蝶。DNA 或许可以发展出千变万化的形式，但是构建生命蓝图的却并不是 DNA，也不是具有组织调节功能的激素，而是潜藏着某一种或多种终极的形态归宿，直至它们表现出来，才能被发现。

在植物学上，对这类具两种生命形式却有相同 DNA 的现象有一种更好的表述，每株植物体都具有规律性的世代交替现象——单倍体（配子体）世代和双倍体（孢子体）世代。尽管孢子体的染色体数目是配子体的两倍，但是仍然有少数藻类植物在两种世代的形态上很难区分。高等植物的孢子体就是成体的植株，它具有特殊的植物器官可以生长出多种微小结构——雌性的胚囊以及雄性的花粉粒。胚囊固着在雌蕊的基部，花粉粒脱离花药之后，如微尘一般在空中四处飞舞，花粉粒最

① 普赛克（Psyche）：希腊和罗马神话中一位具有双翅、貌美绝伦的美丽女神。

后的终点位于雌蕊柱头上。在柱头上，花粉粒开始萌发，生长出来的管状结构刚好穿过柱头，进入胚囊中，完成受精过程。来自母细胞（卵子）和父细胞（精子）的单倍体配子结合在一起，形成了双倍体的核子，这就是胚的起源。胚包裹在种子中，直到有一天开始生长成为新的植株。

尽管单独的胚囊和花粉粒都是完全成熟的器官，但是它们的功能仅限于结合在一起，形成统一联合体，除此以外，一无是处。植株整体是它们的数百万倍，向下扎下艰深广布的根系，向上长成高大的参天大树，绿树成荫，花朵艳丽，即便如此，这些微小的器官所具有的意义还是相当于，至少不会逊色于植株整体。烟草有 48 对染色体，其单倍体的花粉具有 24 对染色体。然而这丝毫无助于解释植株整体的高大威严，以及花粉等颗粒的微小程度。无须复杂的实验，我们都晓得具有 24 对染色体的宏体植物与大多数植物没什么两样，同样，具有 48 对染色体的花粉粒也非常微小，散落在尘埃中，难于分辨。

这种天壤之别完全与 DNA 无关，然而，具有红花的植物与具有白花的植物之间的差异却可以在 DNA 上清楚地区分开来。

在许多物种中，雌雄两性之间的差异的确是由于染色体造成的，然而，两性仍然是可以严格区分的。有些物种的雄性和雌性虽然具有相同的染色体（DNA），却呈现出明显的差异。在海洋蠕虫绿叉螠（*Bonellia viridis*）[①] 中，具有吻部的雌性个体有 25 毫米长，而几乎不可

---

① 绿叉螠（*Bonellia viridis*），虫类海洋底栖动物，雌雄异体，生殖细胞来自体腔膜，在体腔中成熟，配子通过肾囊排出体外，一般卵在海水中受精，但叉螠的卵在雌性肾囊中受精。雄性体表披有纤毛，没有吻，没有消化及循环系统，仅留有生殖结构。其雌雄性别是由幼虫的生活环境所决定的。如果初孵幼虫接触到成年的雌性，受其雌性激素的影响则发育成雄虫。幼虫先接触雌虫的吻，数日后由口进入肾囊中，1—2 周后发育成雄虫，每个肾囊中可含有 20 个左右。如果幼虫未与成年雌虫接触则发育成雌虫。

能找到它的雄性个体，因为雄性以微小的团块状在其伴侣的吻部内发育，雌性把这个小团块吞入腹中，接着，雄性便在雌性的内脏里住了下来，呈微小的囊状，其唯一的功能就是帮助硕大的伴侣完成受孕。以这种古怪的生殖方式所产生的受精卵大小都相同，被散播到水中便开始游荡。下沉到水底的受精卵会发育为雌性个体，如果某个受精卵落在了雌性个体的吻部上，它就会停止发育，而成为雄性个体。这一切都无一例外让人联想到了一句法国谚语："差异万岁！"[①]

相同的DNA却具有显著的多样性差异，这方面另外的例子来自社会性昆虫的等级体系。我们所了解的白蚁几乎完全不具备防御系统。这些小虫个体柔软，不完全变态，没有螯刺，与人类有些相当。但是它们却利用强大的组织性克服了所有的不足，成为地球上最为可怕的居民。它们凭借着对温度和湿度的良好控制，在地上为自己建造了巨大的城邦——坚固的白蚁城堡。这些昆虫被划分为若干等级，最高一级是蚁王、蚁后，还有一大群性征分明的繁殖蚁。在这个制度森严的群体中，只有它们才是完美的昆虫，具有复眼、透明而绚丽的翅膀。它们在婚配之前一直生活闲适，婚后便开始飞离原来的住处，之后，翅膀脱落，甚至丧失视力，它们开始在地上构建爱巢。幸运的某一对白蚁可以建筑起新的部落，在那里蚁王和蚁后可以继续过着优哉游哉的生活，受孕后的蚁后身躯庞大而臃肿，孕育着的数百万只受精卵呼之欲出。

蚁王与蚁后之间的差异可以追溯到其性别基因中，然而，这对皇室姻缘与白蚁群体中的普通居民——兵蚁与工蚁——之间的差别却不是由性别或是DNA可以决定的。一定是其他某种因素使兵蚁、工蚁以及处于统治地位的一对白蚁产生了显著的差异。工蚁呈白色，智力低下又没有视力，就像未完全发育的幼虫一样，它们从早到晚工作，没有一刻停

① Vive la difference，法语。

息。兵蚁差不多也是又傻又瞎，但是它们的样子却像是带着一副巨大的头盔，多种多样的工蚁头部都具有巨大的双颚，或是一只形状怪异的鼻子，利用鼻子可以散发出一种类似树脂的味道，可以用来迷惑猎物。白蚁等级制度中多种多样的形式和功能都不是因为基因方面的差异，这些白蚁的来源千篇一律，都曾是孕育在蚁后肚子中无数枚一模一样的受精卵。

这些不同等级之间的蚂蚁的巨大差异在很大程度上应归因于发育上的偏颇。与生殖蚁不同，兵蚁和工蚁实际上都不是完整的个体。兵蚁和工蚁并未发育眼睛和翅膀，它们也不能照顾自己。

由于发育低等，它们也乐于完全遵守纪律，它们保持了伟大部落的主体，它们的一切都是为了效忠蚁后，如果蚁后死了或是被杀了，即使它们处于千里之外，也会立刻崩溃。

所有这些都足以诠释相同基因可以产生出多种多样的不同形式，分化与差异肯定要从别处寻找原因，可能是一种胶体，某种激素，或是某个离子，这种东西或许可以控制着发育的持续与中止，或是发育过程在某一步骤上发生转向。生物体中大规模、具有深远影响和意义的形态，功能上的变化完全不必烦劳 DNA 的帮助，在这方面肯定有某种奇妙之物有待发现。

基于相同的 DNA 而发生的显著变化还有一个经典的例子，墨西哥小型两栖类——美西螈[①]。这种动物的身体小巧白皙，两鳃鲜红，为当地居民餐桌上的一道美味。19 世纪初期，一只美西蝾螈被带到了巴黎植物园的湖水中，后来，从某一时刻起，它变成了黄、黑色的成体蝾螈，两侧的鳃消失了，即墨西哥蝾螈（*Amblystoma mexicanum*）。原来，那种白色的小个体其实就是美西蝾螈的幼体，在墨西哥时它们的发育被

① 美西螈（axolotl），特指生活在美洲的蝾螈动物。

抑制在幼体阶段，然而有一点很重要，即尽管只是幼体，它却能够繁育后代，也正因此，这种维持在幼态的生物也构成了一个物种。那么，它在巴黎的湖水中为什么会变成墨西哥蝾螈呢？这种现象其实只是基于一个简单的事实：巴黎的水中富含碘，刺激了性激素，使生物发生完全发育。正如我们在前文所讲过的，美西螈与墨西哥蝾螈拥有同样的DNA，然而前者的基因却处于休眠状态（我们或许很怀疑这种休眠状态维持了几千年），前者只要继续发育就会成为后者。披戴着绯红色领衫的睡美人醒来后竟然成为丑陋的怪物。在分类学上，美西螈与墨西哥蝾螈被划分到了两个亚目中，然而它们彼此之间的差别仅仅源于微不足道的碘原子。

DNA并不是产生显著差异的原因，为了进一步阐释这一说法，我们不妨也来看看相反的情况，即DNA具有明显差异，而外在表现却非常相似。我们所讨论的情况就是所谓的“趋同进化”[①]，即具有不同DNA的物种外在形式非常相似，甚至经常会很难区分。

有袋类动物在哺乳动物纲中自成一目，它们最早出现于白垩纪，比新生代才出现的真正哺乳类（具有胎盘的动物）要早得多。有袋类动物在形态和行为方式上具有极其广泛的多样性，在这方面它们也远远领先于后来才出现的真正哺乳类，后者的形态和行为方式完全只是对前者的重复，这使人联想到，有袋类动物仿佛只是后来大规模出现的现代温血动物的“最初版本”。今天，在澳大利亚的森林中，人们仍然可以找到一种会飞的松鼠，它们长着巨大的尾巴，前后肢之间具有网状连接，几乎与美洲飞鼠完全一样，然而，前者属于有袋类，而后者是真正的哺乳类。麝猫、家猫和狗都可以认为是有袋类动物的改

① 趋同进化（convergent evolution），生活在条件相同环境中的不同生物往往会功能相同或具有十分相似的形态结构，以适应相同的条件，这种现象在生物学上被称为趋同进化。

进版本，就目前所知，鼹鼠类中完美的预期类型就是袋鼹。并不是说进化永远都不会重复自身，也不是说进化过程会一遍遍地从头开始，而是，始于某个遥远的祖先，其后所经历的过程完全是新的。正像是胚胎学以及系统学中所应用的“等效性”法则，根据该法则，“形态学上某个特定的性状位置可以通过不同的起源点以及随即发生的不同发育轨迹来获得”（杜里舒）①。

草丛里的沙鼠动作敏捷，它跳跃的时候仅仅依靠其细长的后腿，而短小的前肢却紧紧地抱在胸前。仅凭观察很难判断这种小动物究竟是有袋类还是具胎盘的动物。同样，针对难以解释的现象提出由于“趋同进化”导致同种突变，并发生自然选择，这种做法也是不正确的。假如当真是这样的话，我们就会得到一系列几乎不可能的趋同性 DNA 序列——这在目前还没有被发现过。我们或许可以在不保证具有普遍依据的情况下这样说，在遥远而偏僻的世界中，在关系疏远的 DNA 片段上，自然界的模式、潜力以及“意图”往往昭然若揭，所依据的正是形态发生律，即认定了形态上的变化存在演进和更替的关系，这就仿佛是在规定童话故事都必须以不同角色、不同情节作结局。

日本的甲虫在很早之前就分化成两个不同的类群（“分支”），二者在 DNA 构成上存在差异。其中的一支一直分布在日本中央岛屿的中部，而另一支则分布在偏远的外围地区。尽管这两个类群自很早分化开以来，其间已不可能存在联系，但是，它们中每个类群又都演化了三个种。何以解释这种现象？可能是因为它们的共同祖先在身体内部本身就携带着三个新种的信息，只是未得到表达，后来大规模迁徙将两个类群分开，自那时起，这些后裔便开始“掌握”了其内在的生命形式，并进而在自然界的大舞台上将其完全展示出来。

---

① 杜里舒（Hans Driesch，1867—1941），见第六章第 65 页注①。

这种解释和看待事物的方式已经得到了进一步的独立发展，或许可以将其称为意大利式的进化观点。20 世纪早期，都灵的罗莎[1]提出了基于内在力量的进化论观点，这些内力完全作用在物种整体的前沿（“完全发生说”[2]），前沿物种可以发生分裂，产生若干破碎的前沿物种，其间所发生的转变可以继续并以相同的方式在各式各样的后裔物种中持续进行。想象一下，一群孩子分散在众多彼此隔离的孤岛上，随着年纪的增长，他们会在彼此隔离的地方经历相同的转变，经历青春期、少年期、恋爱、幻想、成熟以及逐渐变老，所有这些经历的发生次序都是一样的，形式也都差不多。或许他们还会讲述一样的童话故事。罗莎所描绘的不同世代在数千年都不发生变化，始终朝向它们既定的宿命，这就像是一个人的未来始终不会在将来到来之前被揭示出来一样。这种进化观点与达尔文进化论中的“扩散论”完全相对，后者的观点强调，革新[3]严格局限在生物自身内，并在后裔世代中得以维持，其理由就是，某种高超的繁育能力使得有用的变异逐渐替换掉缺乏适应性的类型。

达尔文主义的扩散论并不能解释胡克悖论，即为什么相似的物种会出现在地球上被高山或大海阻隔的遥远区域？它们是如何做到的呢？我们将它们称为姊妹种，因为如果只有一个单一的起源中心，在它们的地域之间明显缺乏可以通过扩散进行散播的联系。

都灵学院一位曾周游过世界的植物学家克里萨特[4]提出了一种关于

---

① 罗莎（Daniele Rosa，1857—1944），意大利生物学家，从来不用英语撰写文章，其理论鲜为大众科学界所知，也多有误解。

② 罗莎的完全发生说（Hologenesis）主要认为，生物的分歧是由于生物内在的原因，新种是在旧种分布区域内同时形成的。

③ 革新（innovation），生物演化理论中的术语，用以强调生物不同世代之间性状或特征的变化。

④ 克里萨特（Leon Croizat，1894—1982），意大利植物学家、生物地理学家，出生于都灵。

平行进化的理论。他将其称为“泛生物地理学”，根据这一理论，物种起初都在不发生变异的情况下分布在极其广袤的区域内，后来，这个大分布区被不可超越的屏障分隔开了，物种的不同部分也因此不得不被这些屏障所分隔，不同地区的物种根据其内在的变化规律，即便不再了解彼此，最终也演变出了相似的形态学终极形式。

走禽类于上新世（约 500 万年前）时期出现在不同的次大陆上，那时，大洋早已形成，在始新世（约 400 万年前）时期，由于板块漂移，各个次大陆早已彼此分离。这些不会飞行的鸟类根本无法跨越不断扩张的海洋，那它们又是如何能够不再奔跑，而甘愿栖居于这些南部大陆上遥远的隔绝平原呢？这些未能如愿的鸟类——鸵鸟科——全都具有退化的翅膀，胸骨缺少龙骨突，骨骼内无气囊，腿部强壮有力，脚趾数目骤减，狭长呈 S 型的脖子。这类鸟在南美洲有美洲鸵，在非洲有鸵鸟，在澳大利亚有食火鸟，在新西兰则是鹬鸵①，这些鸟在形式上都属于近亲，它们生活在相隔遥远的陆地上，彼此之间从来都没有交流过。形式上的相似与环境或基因并没有什么关系，它们只是一种最终结果，这种结果是随着时间的推移将最普遍的历程逐渐揭示出来而已，就像是出现在无数校园内黑板上的同一个算术公式一样。

对笔者而言，泛生说（泛生物地理学）理论的提出似乎对应了一种历史上的宿命，物种倾向于独立发展，完全不顾及其地理分布，这方面在范塔皮-阿西迪亚科诺的汇聚波理论中找到了对应的数学公式。根据这个理论，趋向于有序以及复杂性的变化（逆熵）并不是基于地方性的原因，而是源于一种呼唤现实奔向其宿命的整体设计——鸵鸟一直在其未来的限定之内不断奔跑，不可能越出半步。

---

① 美洲鸵（nandu）、鸵鸟（ostriches）、食火鸟（emu）、鹬鸵（kiwi），这些鸟类都是栖居在各大陆块上的地方性走禽类，它们的分布非常局限。

相同种类的复杂结构在漫长的生命历史中屡见不鲜，可以在相距遥远、彼此风马牛不相及的有机体中，也可以在行使不同功能的不同组织中，以及亲缘关系很远的DNA中。我们只要举出人眼睛和章鱼眼睛的例子就明白了。与人类头上的眼睛一样，乌贼和章鱼的眼睛都呈球形，具有视网膜、晶状体以及透明的角膜。从它们的一侧，它们也会以一种倦怠的、人类的眼神来打量我们。

我们可以得出这样的结论：相同的DNA可以塑造出迥然不同的生命形式（就像毛毛虫和蝴蝶），同时，迥然不同的DNA也可以表现出几乎相同的形式（就像沙鼠可分为有袋类和具胎盘类）以及功能相当的器官（如人类和章鱼的眼睛）。DNA与表型的相关性非常有限，相对于DNA，表型基本是自理自治的。凭借单一的信息分子可以产生所有的生物形式，同样，差别最为悬殊的信息分子也可以得到最为相似的生物表型。

在DNA和生物体表型之间暗藏着一个黑匣子，其中包括类型学（typology）以及生物间彼此差异的所有玄机。探索这一未知领域的学科被称为“实验胚胎学”（epigenetics）。关于这个名字的确有些不恰当之处，它暗含的理论就是可以通过对DNA进行一系列调控和交互作用，在某种特定的环境中，使其最终产生出某种有机体来。实验胚胎学尽管知晓在DNA与最终的生命有机体之间，基因型和表现型之间存在一定的差距，但是仍致力于研究DNA如何“塑造”有机体。笔者认为，更为确切的问题应该是有机体如何使用DNA，使DNA得以表达或是形同于无，有机体如何选择想要表达的DNA片段。对于研究有机体而言，DNA并不是起点。

分子生物学中一直有一种趋势，将所有的生命形式都归因于DNA，将表现型归因于基因型。我们要感谢实验胚胎学，因为正是它制止了这种趋势。分子生物学在DNA的分析方面已臻巅峰，并一直将生物有机体视若DNA的外在表现，生物有机体仿佛只是包裹着真正生命的一具躯壳，能代表真正生命的当然是著名的双螺旋，DNA。这门新兴的生物学总是对霉菌、细菌以及病毒情有独钟，这些微观的生命个体拥有最低限度的生命形式，其中DNA上的任何缺陷（突变）都可以立即在细胞化学中表现出来。即使高等生物可以被单纯简化为DNA的载体，它们表现出来的生命形式也总是显得拖沓、冗余甚至过多装饰，没有这些高等生物，生命世界依旧完美无缺，这样的生命世界早在动物和植物首次出现以前，在地球上就已经和谐生存30亿年了。

地球上海洋与陆地的生命乐园在数十亿年间一直凋零，仅有微生物存活，由这种凋零状态过渡到充满复杂物种和高等形式的生命，在此期间究竟发生了什么呢？

从某种意义上说，我们可以认为一些可遗传的微生物——好氧细菌，螺旋菌或蓝藻——侵入到了高等生命形式内，寄生或共生于其体内，产生了种种最为奇怪的病症，我们将这些致命的疾病称为生命。

马古利斯[①]曾提出过内共生生物学理论，用以解释高等（真核）细胞的起源。根据她的理论，所有动植物的细胞都是由不同的独立微生物共生联合所产生。一些细胞器的起源也得以阐释，如线粒体以及能进行光合作用的叶绿体曾是好氧菌或蓝藻，纤毛和鞭毛则起源于螺旋菌。甚至染色体进行有丝分裂的若干元素（中心体、染色体的着丝点、纺锤丝）也都是微生物起源的。20世纪70年代马古利斯刚刚发布该理论时，人们都认为她疯了。到今天为止，这个理论已获得了广泛认可，但

① 马古利斯（Lynn Margulis），美国马萨诸塞州立大学教授，著名生物学家，美国国家科学院院士。

仍然游离于自然选择的理论之外，因为这个理论剔除了在生物主要门类起源过程中偶然性所发挥的作用，同时，该理论还强调共生与合作，而不是自然选择所坚持的生存竞争。

# 第十一章　未有身体，先有灵魂

在探讨进化论中提及“灵魂”这个词，可能是一种最不适当的冒失与失礼。一旦对进化展开科学主题的探讨之后，便不再给灵魂留有丝毫余地。因为进化论正试图以不诉诸形而上学的方式解释万事万物及其起源，尽管灵魂的标志仅仅是飘飞的一阵风或一口呼气，摒弃关于灵魂的所有观点，如同告诉一个路人他所感兴趣的任何事物都与进化休戚相关。然而，进化论者丝毫不关心个人对于感兴趣事物的好奇心。他会受邀以不同名目讲述他所感兴趣的问题；否则，他的内心还是会被其他各种事物所占据。

现实中的问题并不那么简单。每个人都能感觉到在他（她）的内部另外还有一个人，一个“我”，可以认识的自我，可以完整接受自己的自我。基督徒都能明白，完整的人需要经历重生，第一次出生是身体的，另外一次是灵魂的。即使是最宽容的进化论者，如果与基督徒狭路相逢，他也会坚持认为所谓的思想与灵魂都源于身体，只是身体的产物，“如果没有身体，就没有意识”。思想与记忆都仅仅是神经系统的产物罢了。

天主教会非常谨慎地认同了生物进化的传统观点。只在其中的一点上仍然坚持：即在成为人的过程中，在某个阶段上，灵魂一定是从外界以超然的方式进入人的身体。认为灵魂是通过物质的世界引入身体的观点，或认为灵魂仅仅是一种物质现象，这种观点是教会所不能接受和认可的。1996年10月的一份罗马宣言清楚地表明了在人类起源中曾有过一次本体上的跃迁，这种跨越不是物质科学所能够描述的。“对于形而上学的认知体验，自知与自我反省、良心、自由、美感或宗教体验”——这些都已经进入了哲学分析和认知的领域，而神学要做的却是根据造物主的计划阐释这一切的终极意义。任由科学在物质的领域内故步自封好了。

教会的观点使一个重大的生物学问题处于悬而未决的状态，如果造物主把灵魂置于人的体内，那么，身体究竟要组织到何种程度才足以满足造物主的需要，进而可以接受灵魂呢？人类又会有怎样的进化才可以迎接这神圣的一刻呢？被神明所占据的头脑该是如何从躯壳中形成？人类的身体又是如何逐渐接受了基督的神性呢？在生命的故事中，原始人类完成了从猿到人的达尔文式演进；人类从利用脚趾爬行逐渐发展为直立行走；挺直了脊梁，开始仰望星空。如果教会对这种观点不是过于轻率地认同，那么，它对于这一切的解答就不会茫然不知所措。笔者在此的论题就是人类的突然出现，如果套用一句非达尔文主义的话来说，这是一种伟大的超越。人类这种本体上的超越同时也是一种生物学上的跨越。

这种超越是如何发生的？究竟肇始于何种物种或何种原初物质？同任何其他化石或现代生物的来源问题一样，科学对此亦无从解答。实际上，如果说转变的发生就像是从某种神秘祖先分化出来的新生事物一样，那么，对我们而言，祖先的形式就不具有普遍意义，其所能说明的问题也苍白无力。我们更为感兴趣之处在于，产生我们物种的水泡在贝壳内就已经自我组织成为生命。[1] 人生而为人，并非动物的后代，当然

---

① 西方传说，美神维纳斯产生于贝壳中，是由大海的水泡演变而来的。

也不是逐步形成的，正如海德格尔[1]的观点一样：一切伟大之物生而伟大。

思维体生命的身体起源障碍有待跨越，若要完成这一跨域，我们仍要面对我们所称之为灵魂之物与其所依附的身体之间的关系。

在下文中，我将会用“智力”（mind）取代“灵魂”这种说法，因为如果我能把我的思想都集中在心智中，那么就只剩下最后一次跨越了——那样的话，我的大部分读者就不会想要继续读下去了，这实在是一种冒险。无论如何我们都要逃离神经系统的泥沼，实验科学已经极力使我们深深陷入这一泥潭之中。

当神经摺出现的时候，微小的胚胎就已经开始成形了，神经摺从后缘开始拓展，朝向未来发育为头部的方向延伸，最终在神经管处闭合。神经管通过分配连接神经元的方式，统辖着各种器官的形成。

神经管是形成生物体的动力中心。它具有电子活性，这种活性表现为微小的连续性放电。胚胎细胞以微小的振动和抖动对这些放电过程进行回应，进而得以形成各种器官。这些电子活性能够产生纤维以及最终包含纤维的电路组织。即使神经纤维尚未完全形成，它们依旧能够传递各种脉冲，它们本身就是由其所携带的相同脉冲组织而成的。在神经末梢完成以前，器官已经开始形成并固定。在靠近神经管之处，器官已经大致成形，之后会立即被神经彼此连接起来。然后它们会朝向它们自己合适位置的方向移动，一路上拖拉着神经和它们一起前进，整个过程有点像衔着通气管的水下潜行者。

神经纤维在形成中，一旦到达肌肉组织，它们就会把脉冲传递给肌肉，使肌肉产生紧张和松弛的反应。通过这种方式，肌肉便形成了。反向的过程——在开始工作以前，肌肉就一直在等待着——是不可能发生

[1] 海德格尔（Martin Heidegger，1889—1976），德国哲学家，思想家。

的。毕罗索夫（Lev Beloussov）通过高度精细化的实验向我们表明，形态发生完全是一张一弛交互进行的过程。

胚胎中向外散发能量的神经管仿佛是一种意识，这种意识分配指令给各个器官，并告知这些器官为了成就自身究竟该如何行动。神经轴所传递的种种“思想”具有极为精细的可塑空间，它们按照与生俱来的蓝图勾勒着微小的、尚在颤抖中的身体。如果一处神经受到损害，其末端的收缩就不会发生，被神经连接的器官就不能形成，如果收缩行为受到机械性阻挠，那么器官的发育也会受到抑制。蟾蜍胚胎在发育的特定阶段，会发生不同程度的侧向折卷，这时如果用细玻璃探针从后面压住身体，身体的抖动就会停下来，肠道便不再发育了。

胚胎在发育过程中有一个阶段会开始意识到外界刺激，甚至还在接受感觉的组织尚未形成之时，胚胎就已经能够对这些刺激作出运动性回应。此时，胚胎已经与生命休戚相关了。最初时，外界信息并不明确，还有些模糊不清，这些信息只是让心脏遵循了必要而独立的形态发生过程。

人类胎儿阶段便可以记下所听到的音乐，并且能够在以后辨认出这些音乐来。甚至父亲的声音也会被深深印在心里，并且变得越发熟悉。听到声音的胎儿开始进入梦境，“智力”不再独断地统治身体中的自我组织性，为接受和完善思维体系作好了充分的准备。胎儿形态发生的“语法规则”逐渐变成了智力规则，这就是符号学（symbology）的来源。

法国著名数学家托姆（René Thom），是灾变理论的创始人，他对胚胎中的空间分布与人体的功能活性进行了相关性对比。胚胎的形态发生梯度（头—尾，左—右，外—内）变化对应于人的活动梯度变化。在胚胎的形态发生梯度变化到人体的功能活性这种关联中，引导或吸引形态发生变化的因素已经被对外界环境的响应所取代。胚胎头部感应器官的发生引导因素对应于成人活动中的“诱因”，食肉动物的“精神”

发育轨迹在早期胚胎的囊胚阶段就已经准备就绪。感知、能量转化、消化以及排泄等器官在功能上早已预示了发育成为猎手的潜力：对猎物的明察秋毫、追逐不放、狼吞虎咽、消化吸收，最后又排泄出体外。微小的胚胎已经为自己的未来作好了准备，形态发生的过程也朝向其密切相关的生命形式得以展开。由此看来，意识和唯心主义现象是以一种先期形态分工的形式出现的。生命形式和思想在发育上是彼此关联的。根据洛特曼[①]的观点，从某种抽象角度而言，“思维结构”与“生命结构”可以根据相同的方式进行定义。而对维尔坦斯基[②]来说，智力活动是“一种潜在的生物学力量”，是生物圈中的一种新事物，即“灵生圈”(noosphere)，“灵生圈是我们这个星球上一种崭新的地质现象”。

在早期胚胎中，多种力量都被激活，用以引导身体形式的发展，使胚胎与外界发生关联，同时，也带领新生的生命形式独当一面，“创造一个新的空间”。作为形式发展的种种活力，所有这一切过程都可以认为是“精神层面上的”，有很好的理由将它们发生的次序称为“灵魂之旅”。

灵魂是种易受刺激的小东西，当精子与卵子相遇时，灵魂就被激活。灵魂唤起萌生的生命形式，又通过众多相同的形式使自己大受欢迎。它谛听周遭世界，详尽记录其所感知到的精神景象，它酣梦不断，直到有一天得见光明，它才开始构建和创造，它在一个新世界中成长壮大，种种诱惑一直相伴。“柔弱、娇小的灵魂变幻莫测，让人爱怜。”(哈德良)[③]

---

① 洛特曼（J.M.Lotman），俄国作家，亦从事符号学研究。

② 维尔坦斯基（V.I.Verdansky），俄国学者，提出了灵生圈的概念，灵生圈与生物圈等地学概念相似，只是由人的思想文化所创造。

③ 拉丁文：Animula vagula，blandula。哈德良（Hadrien，76—138），117—138 年的罗马帝国皇帝。

一只蜥蜴也有一个小小的灵魂，那是它自己的世界，只不过它不产生思想。它的灵魂充其量不过就是当爪子或尾巴断掉之后再让它们重新长出来而已。真涡虫类蠕虫甚至还可以重新长出头部来。

希望人们不要以为，我在这里是为了能够搭上灵魂沿着生物学康庄大道的微妙旅程。如果我决定要处理的是灵魂的问题，我明白我那样做就是在质疑每一种关于物质与时间的概念。

当“我”开始灵魂觉醒之时，身躯仍要继续肩负自己的职责。危险之处就在于拒绝将生命交付给灵魂的这宗原罪，或是对天生的一切唱赞歌。如果要面对“灵魂”这个词，我们就必须完全接受我们在使用这些词时，词汇本身具有的危险——“我”冒着消弭的危险，宣告着卓越与独特。

对于“没有身体就没有智力”，或者说，头脑先于思想这种说法，我所坚持的意见正好相反：“如果没有智力，就不会有身体”，如果不先设立原则，就不会产生形式；如果蜥蜴事先没有关于尾巴的意识，它就不会有尾巴。佛陀所说的话也表达了相似的意思，他告诉我们：“有形的一切得以存在均有赖于心智。”对印度教来说，凡事凡物都是思想的物质化形式。《圣经·约翰福音》起首就说：“太初有道，道与神同在，万事都是借着他造的……道成了肉身。”

这一切对于我们而言就是真实的我们自己，无形的力量被注入，塑造着我们，引我们进入光明、直觉和记忆之中。它的自主性和恒久性是什么呢？身体死亡之后这个世界会变成什么样呢？它依旧会作为无形无居、无身体依附的灵魂停留在原处吗？持守在那里回忆蒙爱的逝者，陪伴飞行的群燕，追寻那稍纵即逝的星辰，直到末了，它与这个宇宙的精神合而为一。

如果在个人生命的过程中，他感到困惑，灵魂战兢、失落，只是在无望的角落寻求庇护，那么，对他而言，生命的孤独壮阔，夜色中幽深的月光，爱之欢愉，知晓这些又有什么用呢？如果最终等待我们的只是一种毁灭，一切都如过眼云烟，余生只是在冰冷难耐的床榻上辗转煎熬，那么，为什么我们还要反复尝试觉悟的不同方式？为什么还要让个人成为这个世界的形象？为什么还是对于与来世交流而乐此不疲？最好还是不要试图拖着岁月的行囊跨越最终的藩篱，还是集中精力想想其他一些简单的遭遇吧！比如，停留在阳台栏杆上的麻雀，某个古老神话中的花朵，墙壁上的图画，以及一个微笑。

如果生物体的每个部分中都包含着整体，每种思想都反映着这个世界，那它们的最后一步都预示着永恒。我将在下一章中探讨这些内容。

# 第十二章　云彩中的数学问题

花朵、贝壳和水晶——这一切最细致、优雅与精美的自然形式都可以用数学来描述，也可以通过展开一定的算术公式进行再现。这其中暗示了简单自然形式的形成过程，它们只要符合基本原理，就会由化学物质或在机体的组织中自发形成。钙质化合物聚集在蜗牛壳体膨大的外边缘，其活性在圆弧处最大，向周围有规律递减，在反面圆弧处消失。结果就形成了一个扭转并向后折卷的圆锥体。树干也是由树皮下面的细小孔道开始慢慢长大，其形成的圆柱体如果横向锯开，就会发现那些规则的同心圆圈，一圈就代表树木的一年，一处又一处的疤痕则代表了其长久以来所经受的伤害。

大自然的简约之美温顺得甚至有些幼稚，它并不吝惜这奥秘被破解和描绘，因为它仅仅需要基本的代数运算就可以展开。然而，如果一切只是若干规则的产物，如果山峰只是一些圆锥体，如果闪电只是若干条直线，大自然所展示的景观将会怎样呢？在圆柱体、球体和圆锥体等塞尚[①]的几何体所组成的世界中，实在没有什么引人之处。

感谢上苍的恩典，大自然变幻莫测，难以琢磨，并不总是温顺，也

① 塞尚（Paul Cézanne，1839—1906），法国印象派画家，后期印象画派的代表人物，其作品多表现结实的几何体感。

难以预期，几何学之神默许了农牧神的莽撞与女神的轻狂[①]，大自然的法则就是毫无规则，但还不至于一团混乱，在最为复杂和怪异的生命形式背后潜藏着难以理解的法则。

通过数学掌控这些潜藏规则是一种傲慢自大的体现，对此，大自然也不会容忍——徒劳的努力注定了失望的结局。然而，一条谦卑却饶有趣味的道路却一直对我们开放，让我们可以稍微效法一下大自然的千姿百态。运用图像，尤其是当今的计算机制图技术，我们可以设计出一种、一百种或一千种不同的样式，然后再从中挑选出与自然界最接近的样式。在这当中，我们所熟悉的还是图形样式，对自然界，我们依旧茫然。

20 世纪 70 年代中期，被称为“分形”（曼德布罗特）[②] 的各种图案引起了广泛关注，内中原因或许是因为它实在难以理解——除非你是一名数学家。这些图案即使在页面或显示器上完全展开，也得不到整数的维数，其表面的一部分碎片总是与整体自由分离。分形的其他引人之处在于它们的“自相似性”，这是因为分形图在制作中就是对某一简单规则的重复，比如从碎片的中央以一定角度分开某图形片段，再把剩下的图形按照比例以更小角度继续划分，诸如此类。这样产生的复杂图形在每个部分都是原始图形的微小再现。

一个众所周知的分形图就是皮雅诺-曼德布罗特雪花。其图像只是从两个三角形开始，两个朝向相反的三角形叠加在一起，形成一个在六边形内部的六角星形。从六边形的一边开始画黑色图案，使其弯向三角形的一半处，整体看似一只紧握的手所产生的阴影。在所有的边上均向

---

① 半人半羊的农牧神（Faun）、女神（Nymph），这些都是希腊神话的神祇名称，作者据此臆造了一位“几何学之神”。

② 曼德布罗特（Benoit B.Mandelbrot，1924—），波兰裔美籍数学家。分形是曼德布罗特创造出来的，具有不规则、支离破碎等含义。

外以较小的比例重复绘制这种“手形”图案，向内侧在黑色的图案上用白色笔重复。不断重复这种方式，星形图最终变成了微小的精雕细琢的手形，其中还有众多更小的手形，有黑色的，也有白色的，所产生的雪花外观具有如下特征：任何一处细节与整体都相同，如果单独分离出来，同样也符合相同的规则，只是整体的缩小版而已。[①]

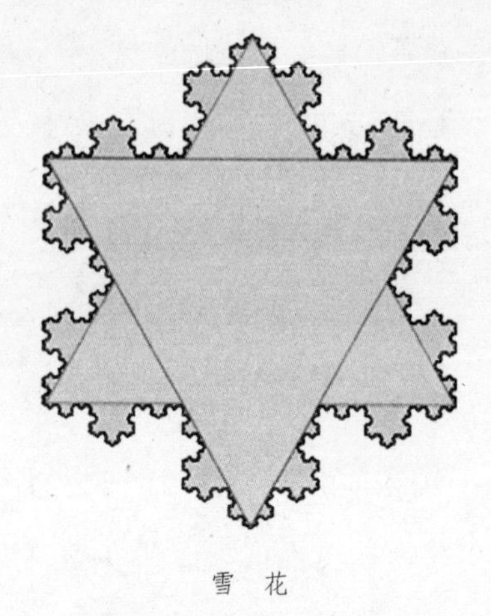

雪 花

取一个矩形，在它的短边上画一个略微倾斜的相邻的矩形，在新矩形的短边上再按照比例画上更小的矩形，不断重复绘制，最终的结果就像是一小片蕨类植物的羽叶。

从任意点开始，将简单的变化规则不断重复，就可以观察到展开的分形图案，这些图案不禁让人联想到山脉的轮廓、海岸线、圣诞树、河口湾或者呼吸和循环系统。自然景观再不是欧几里得几何学的超现实模型，而是鲜活灵动、实实在在，却又有些不可知的分形模型。如果我们再引入一些意外性的若干错误——如同历史遗留下来的若干伤疤——这些异常体的出现所带给我们的情景更像是我们所熟悉的经历。想象一下，行走在一条小路上，一边是现代化的工厂，另一边是森林，道路两边的几何图与分形图尽收眼底。

---

① 最终的雪花图案见图。

这一系列图案都是由简单的复制所产生，这些图得以形成，并没有严格符合自然界构建生物体的规则。然而通过这些图，我们了解到，自然界并不需要复杂的规则和原理就能构建出不同的实体，明确而怪异，壮观而蜿蜒，就像中国龙的图案一样。

分形进入计算机领域之后，带来了无穷尽的奇景——种种无法形容的形式与颜色，所有这些都来自对基本图案进行单调的重复迭代。我们为什么会被这些具有欺骗性的图案以及诱人的重复所吸引呢？这些图案告诉我们，自然界如果非常聪明，足以模仿其自身，在构成这种情况的背后一定有其规律可循，同时也表明，仅通过简单的算式足以获得令人振奋的各种图案，完全不需要生物体的 DNA 或是破解后数百万字节的种种信息。

如前文所述，分形就是谈论云彩时涉及的数学问题。云彩实际上是由很多云复合而成的，每朵云中又包含极多更小的云。对于每一朵小云彩而言，如果我们仔细观察，就会发现，它是由许多小云团所构成，尤其是在云朵的边缘区域。类似的一小片云团，如果被适当放大，就会与云彩的整体很相似。云彩可以呈现出球状、羊毛状或层状，它们可以布满整个天空，或是像羽毛一样飘浮在安静、蔚蓝的天幕下，呈现出黑色、灰色、白色、橙红色——像神秘的山峦、浓密的烟雾团块、天堂般的大草原、硕大的肥猫、成群的野马或是搅拌好了的冰淇淋，千变万化。如果我们要认识周遭的世界，一定要从凝视云朵开始，因为纵使我们忘记了观看这些云朵，不可忘记的就是，云彩才是一切景观之王，云彩美，云彩之下的大地才美。为了向人们展示云彩的微小组成，它会化作一阵雨，或是凝结成皑皑白雪，飘向大地。佐拉[①]曾说过，云彩就是现实世界的原型。

---

① 佐拉（Elemire Zolla，1926—2002），意大利作家、思想家。

每种分形的实体都和云彩一样，具有在不同对照层次上互为相似的结构，这种属性就是“标度守恒”或“自相似性”。在这里提及分形的这一特点，主要是因为它与生命现象的本质有着必然的关联。一株植物就是“自相似”的，一段嫩枝、一瓣嫩芽、一枚种子甚至一个细胞，从这些都可以重生出完整的植物体，植物体的每个部分都蕴含着整株植物的奥秘。生命就是由无数个默默无声的设计所构成。歌德曾说：“所有的一切都是叶子[1]”，意思就是说，一棵树就像一片叶子，所有的树枝和嫩枝就像是叶子的骨架支撑，所有的花瓣、雄蕊或雌蕊都是叶子的不同变体。一切都是叶子。

让我们带着崇敬的心情来看看微不足道的花椰菜吧。花椰菜主要的膨大部分，包裹在叶荚中的灰白—浅绿色球体实际上是尚未成熟的花序。它由无数个小枝组成，每个小枝都具有一丛像花一样的芽体。球体本身具有一种令人称奇的分形结构，围绕其螺旋肋部可以发现数百个微小的球体，每个又分别由其他球体所组成，同样，螺旋肋部本身的组成也是众多微缩版的小球体。

纷繁复杂结构的每个细微之处，都是微小的整体，即花椰菜的微小版。每个球体的组成部分都是“自相似”的，如果不考虑比例，它们就是恒定不变的。

分形结构还暗示了其已成为自然界图案中一种无处不在的结构。世界的每一隅就是整个世界，每处、每方完整世界只是在程度上、内容上大小不同而已。

于是，这种永无止境的整体与局部的问题就在今天，此时此刻，以及过去就已经得到了解决。一片草叶包含着一个宇宙，让我们尽可能去相信——整个宇宙就是一片草叶。

---

① Alles ist blatt，德语。

让我们稍微提一下还原论或自然界的原子本质究竟是怎么回事，他们的观点认为，任何事物都可以通过查验其组成部分的方式进行了解，比如，可以把洋娃娃分解来研究。根据这种观点，对于汽车引擎或步枪，可以先将它们分解，研习每个部件的功能之后就可以了解其整体。以此类推，生物也可以通过肢解然后再查验器官、身体装置、腺体等方式进行了解。反之，单独部件的重要性也可以通过将其进一步分解为组织、细胞、分子及原子级进行了解。一旦理解了分子，在理论上就可以装配组合出整个有机体。很显然，在实际材料方面，这是不可能的，也没有人进行过尝试，但是，还原论者看待事物的基本假定就是这样的，简言之，这非常荒唐。

与还原论者相对的是整体论者（holist，来自希腊语 olos，意为“整体”。该词有时也被不恰当地拼写为“wholist”），正如其名称所暗示的一样，他们关注的重点是事物的整体。他们的假定就是“整体大于各个部分之和”，换言之，局部朝向更高层次的转变不会自发发生。仅有分子并不能组成细胞，众多器官也不能组成有机体。生命得以形成需要一些新事物，一些以前从未有过的事物，这些新事物的组分也是未知的。在细胞、形态、动物、智力、社团等形成的每个步骤中都需要有创新性事件，我们或许可以将这种事件称为自然界的创造、开创性的行动，或是演化上的跳跃；无论如何，这些都是前所未有而且无法预见的，构成其组成的局部亦如此。能够使各个部分协调组合的必定是某种神奇与神秘之物，并不是由局部自己就能够产生出来的。整体论者不仅认为整体大于各个部分之和，更有甚者，他们还认为局部如果没有被拼合成为一个整体，都是毫无意义的：局部仅仅通过处于整体中特定的位置时，才是有意义的局部。在更为复杂、高级的体系中，局部的意义更能体现出来，它们还会同时承担一些前所未有的功能。眼球如果没有神经系统和大脑为依托，在生物学意义上就是没有用的。在整体出现以前，局部都是毫无意义的东西，或者说它们仅仅对于其自身具有不同的意义罢了，很明显，它们还不是可以作为整体的局部。它们是“次一级的”整体，可以具有自己的局部部分，是对于全局整体的“亚整体”。整体论者中的某些人或许还会具有更为苛刻的想法，他们会认为，局部是后生之物，不会先于整体，仅仅依附于整体时才能获取自身的意义。作为“局部”，其角色只在于被认识、被看见，创新与生产都与它无关。

恩培多克勒[①]曾设想出一个混乱不堪的宇宙，各种头、颈、心以及脚都在这个宇宙空间中漫无目的地游荡，通过偶然的机会它们组合到了一起，形成了各种生命个体，但是只有那些“零件”处在正确位置的个体才能存活下来。这位哲学家将这种可以拼合局部的力量称为“爱”。然而，恩培多克勒所说的“爱”对于整体论者眼中的“新出现”行为无能为力。在整体论者眼中，脱离了整体，局部就不存在，或者说已经没有意义了，局部一定要附属于整体，或者说，只能随着整体而出现。

雅各布凭借其巧妙手段解决了存在于整体中的若干局部这种问题。他说，大自然像笨拙的修补匠一样，从仓库中不断翻找一些破烂货，然后对它们进行一番缝缝补补，以此炮制出某种以前从未有过的物品，这些物品就是在已有的古怪之物上再添加些新结构。按照这种说法，局部就是在整体以前所形成的，尽管它们来自其他整体。它们过去一直被丢弃、闲置在路边，后来才得以重见天日，之后或许仍然行使着它们原初的功能，或是具有了某些组合的功能。因此，可以说在各种不同的物体之中都会发现相同的机制，这就如同在各种各样的动物和植物中都能找

① 恩培多克勒（Empedocles，约公元前490—前430），古希腊哲学家，认为爱与恨是事物具有凝聚态与稀薄态的原因。

到相同的生物化学途径一样。这并非还原主义的观点，因为局部并没有对整体“指指点点”；这也不是整体论者的看法，因为在这过程中，局部被认为是先发生的，某种事物改变了它们的角色，让它们成为大不相同的“局部”。

在分形的观点中，所有的戏法都是由上至下开始变的，在一个自相似结构中，每个部分都是整体，其自身就具有产生整体的能力。每个部分都是缩小尺度的整体，是整体的微缩。而生命就是众多微缩体的联合，其中每个部分的内容都比其所展现的表象复杂得多。

只要具有从自身某个部分复制自我的能力，都可以称为生命。生命的成长壮大也是通过自我复制，它将自己产生的芽种撒播到这个世界，让它的族裔融入自然的美景中，用不断复制的自我，成就一个非我的世界。

很显然，从一绺毛发中是不可能再生出某个人的。在高等生物中，创造自我相似以及再生的能力都是某些特化细胞的特权，这些细胞包括干细胞以及最终的卵子。这些功能与特性存在于生命现象中，既明确又深藏不露。生命的高等形式中还具有一种崇高的力量，那就是死亡。卵细胞就像是光明，死亡就是一种阴影，这阴影从机体上大限将至的外在部分中取走了光明。细查这种黑暗，就会发现死亡带来了强烈反差、细微差别、生命的形式以及可以构成机体的一切。每个卵母细胞都蕴藏着无数种潜力（它们都是彼此封闭的），卵母细胞也知道如何完成它的死亡分形图——在猫妈妈的遗体周围围绕的是一群小猫咪、老猫的自相似性以及它的永恒。

低等生命——如藻类、细菌和酵母——其生命的延续只是单调的重复。它们的生命史循环往复，分裂，萌发，除非它们停止分化，开始聚合，形成自相似体——正像是分形一样，否则它们始终都处在同一个阶段中。

当生命体大限将至、发育停滞之时，历史才将开始，生命形式才将发生。从开始思考与觉悟时起，原罪就一直伴随着，它只是意识世界里生命的展现。这正是思想所进行的尝试：构想出某个自相似的世界，这种尝试不合常规，注定徒劳。

# 第十三章　谁来指示蛋白质如何生长

20世纪晚期的遗传学遭遇了两项失败，它们都是还原论以及人为预期所带来的结果。它们处于遥不可及的不同领域中，在生物界中也相去甚远，以至于彼此之间的任何关联都消失得无影无踪了。第一项失败来自遗传工程；第二项则是源自英国畜牧工业的"疯牛病"。在这两个例子中，都出现了生物学理论未曾预料到的蛋白质异常或疾病现象。分子生物学的核心教条（这当中并非没有讽刺的味道）宣称，DNA，这种能够自我复制的遗传分子是由蛋白质构成的，而蛋白质却并没有自我复制的能力，核心教条还说，蛋白质受控于DNA中所包含的若干指令，必须由细胞源源不断地供给，这些指令就是基因，考虑到基因是由DNA所构成的，因此说，所有的遗传都在DNA中发生。

遗传工程——正如其名字所暗示的一样，野心勃勃地致力于将高等生物（比如人类）的基因（一段DNA）通过适当途径植入细菌细胞中。相关实验在胰岛素和生长激素的基因方面取得了成功，并且在数量上已经足够推向市场。然而，幸运的开端过后紧接着却是普遍的失望。蛋白质通过生物传递的方式在生物界之间转移之后，尽管能够在新环境下形成，可是，最常见的结果却是相关功能的丧失。构成蛋白质的氨基酸已经如实地在适当的序列上找对了自己的位置，然而，它们却不能完成必要的生长空间配置过程，也就不能使蛋白质表现出如同在源生物体中一样的活性。不但如此，它们还变成了众多黏稠的团状物，就像是一盘煮过头的意大利面。最初一个饶有希望的开端，带来了世界各地众多生物技术公司如雨后春笋一般出现，它们都试图以微不足道的代价，不通过屠宰场的协助，就从酿酒厂的发酵桶里变出或新或旧的蛋白质来。然而，危机很快倾覆而来，许多公司淘汰倒闭，1988 年 7 月号的《新科学家》杂志对此评论道：“（生物技术公司）被希望与梦想烧尽了，它们没什么实际产品，却徒有满室的卡片，一点丑事就立刻让它们关门倒闭。”之后，事情果然就这样发生了。

大自然能够成功，为什么生物技术就失败了呢？被植入或导入的基因为什么没能形成适当的蛋白质呢？问题在于，为了使蛋白质具有活性，不仅需要整齐、正确的氨基酸序列，同时还需要生长空间配置信息，使蛋白质彼此间以适当的方式进行折叠[①]，与分子一起协同工作。莫诺[②]在这方面专门进行了说明：蛋白质立体结构空间分布信息比 DNA 序列中所包含的信息要多得多。莫诺解决了达尔文主义中的“悖论”，他声称，DNA 序列中所提供的初始信息并不会详细描绘出正确的空间结构，而只是剔除若干错误的信息而已。在细胞内部，并不存在对受损蛋白质进行大规模消灭的标志，蛋白质都安然地处于它们自己合适的位置上，形成连贯的体系，一起工作，和谐共处，亲密无间。为了能够完好无损地到达它们的预定位置，初期的蛋白质雏形必须首先解决如何折叠这个问题。

直到 20 世纪 80 年代晚期，人们发现有些分子对完整蛋白质具有保护作用，它们能使这些蛋白质在其次级细胞环境中不致受到错误影响。

---

① 仅仅通过基因序列并不能了解蛋白质的功能，更无法知道它是如何工作的。蛋白质可凭借相互作用在细胞环境中自我组装，这种自我组装的过程被称为蛋白质折叠。蛋白质折叠的许多问题目前都未解决。

② 莫诺（Jacques Monod，1910—1976），法国生物学家。

这些分子本身也是蛋白质，它们会形成一种封闭结构，以此来限定完整蛋白质，把蛋白质固定在其特定的位置上。这个封闭结构就像蛋白质的容器一样，它在蛋白质后期的折叠过程中并不会起什么作用。一旦蛋白质从它们的“监护”中脱离出来，折叠过程就开始了，用“监护”这种说法是因为，如果没有监护的话，要么是出于细胞本身的缺陷，要么就是由于完整蛋白质会发现自己处于完全陌生的环境中，那些被孤立的蛋白质只会躲藏起来，根本就不会继续生长。目前已发现数十种不同级别的监护分子，每种分子都可以来保护不同的蛋白质，但它们中却没有一种能够帮助蛋白质完成其最后的生长定型过程。

究竟是哪种细胞结构促成了蛋白质的折叠过程呢？各种各样的蛋白质在具有活性之前都要经历种种扭转与翻转，这其中究竟是什么结构在指挥着它们呢？尽管有监护细胞可以防止蛋白质进行错误的步骤，但是，又是什么结构在告诉蛋白质正确的步骤呢？

在对“疯牛病”的研究中，出现了一种出乎意料的迹象，即蛋白质的空间结构是通过其与姊妹蛋白质的联结而确定的。在该病症中，受限制的蛋白质进入了牛的脑细胞中，它们并不是通过基因带入，而是直接摄取而获得的，这些蛋白质是抗消化酶的。这些蛋白质的介入使原来的姊妹蛋白质在空间结构上发生了巨大变动。姊妹蛋白质在序列上并没有改变，而只是在空间“姿态”上略有变化，这些变化都是为了使自身能够与介入的蛋白质相一致。这种现象就是迄今为止人们预期之外的“接触遗传”——近墨者黑，坏朋友把孩子的言行举止也带坏了，一条臭鱼坏了一锅汤。

蛋白质的接触遗传是由普鲁辛纳[1]首先提出来的，当时还被当成是

① 普鲁辛纳（Stanley Prusiner），美国生物化学家，1997年因朊蛋白获得了诺贝尔生理学医学奖。

自发现DNA结构和遗传密码的半个世纪以来，生物学中最重要的事件。具传染性的疯牛病致使英国畜牧业遭受重创，普鲁辛纳就是在研究疯牛病的病原学中发展了他的观点。染上疯牛病的牛只会失去方向感，难以站立，行走总是跌倒，最终致死。这些牛的脑中有许多小空腔，因此，这种疾病被命名为牛海绵状脑炎（BSE）。人们曾试图寻找引起疯牛病的病毒或细菌，却都没有成功。普鲁辛纳提出，这种疾病是由一种最终散播开来的蛋白质所引起的。然而，这却与遗传学的核心教条相违背，核心教条认为，核酸是遗传唯一媒介。而在具有传染性的媒介中寻找核酸（DNA或RNA）的尝试却都以失败告终。具传染性的蛋白质，总是难以被遗传学的核心教条所容纳，更是不可能进行自主散播。然而……然而，这种蛋白质最终还是找到并被分离出来了，它被命名为“朊[①]”，其行为方式也逐渐被揭示，甚至还可以在试管中对其进行培养。

致病的朊蛋白大致具有正常蛋白质的外形。牛海绵状脑炎朊蛋白的折叠出现了异常，即β片体替代了健康蛋白质所具有的α螺旋。后者会产生一种围绕神经细胞膜周围的髓磷脂鞘。所有正常的蛋白质都具有相同朝向和卷曲模式。当朊蛋白（β蛋白质）进入细胞以后，它们会混在正常（α）蛋白质阵列中，将这些正常的蛋白也标记为错误的结构，之后，这种异常结构又在细胞内，以及细胞彼此之间广泛散播。受感染的鞘体在细胞内聚集，打乱了原本清晰明确的细胞膜发生机制，进而导致了牛类脑细胞出现空腔，引起牛只行为异常。在这个过程中，所发生的一切并不是病菌的大量繁殖，也不属于分子遗传学的案例，而只是分子在与其他形变的分子在接触过程中产生了变形——“臭鱼”效

① 朊（prion），又称为蛋白质侵染因子，是一类能侵染动物并在宿主细胞内复制的小分子无免疫性疏水蛋白质。

应而已。

朊蛋白所导致的疯牛症也可见于其他的染病牛群中，通过饲喂含有从牛类屠宰场肥料中获得的蛋白粉，也会导致疯牛病的传播。疾病的根源在于同类相食，这种行为源于强行改变牛群的牧养方式。克罗伊茨菲尔德—雅各布二氏病（CJD）[1] 这种罕见的人类神经系统疾病，其致病根源也被怀疑可以追溯到疯牛的肉。

蛋白质接触遗传的例子可见于酵母中，一种特定的蛋白质(Ure-2)可以在特定种类的细胞中具有异常的形式，这种形变会传递给健康的Ure-2蛋白质，并在所有萌发的细胞中散播出去，进而扩散到所有具有正常细胞的杂交后代中。

生物体中原初的蛋白质发生组织化会导致蛋白质进行新的空间分布，这种过程可以在沙门氏菌（*Salmonella*）的鞭毛中得以明确展示。这些鞭毛是由众多聚集的蛋白质亚单位（鞭毛蛋白）所构成，这些蛋白质在空间形式上呈波状或螺旋状。一旦鞭毛蛋白被打散或消失，便不会再自发组织。如果一个波状鞭毛的微小碎片融入进来，那些分散的分子便会组织起来形成波状鞭毛。如果用螺旋状鞭毛的碎片来替代，也会得到螺旋状的鞭毛。无论如何，最初的鞭毛亚单位几乎没什么用了。

草履虫（*Paramecium*）是一种纤毛类原生动物，它的全身布满朝向同一方向的纤毛。桑芮[2]曾使用显微外科手术的方法使一排纤毛朝向错误的方向。当这种原生动物繁衍后代——一分为二时，那些倒转的纤毛仍然保持着相反的方向，甚至在它们生物体的细胞核（DNA）都更新之后亦如此。桑芮提出假说认为，纤毛的基本构成是一种协调一致的结构，即使处于倒转的体系构建中仍然能够完成自我复制。

---

① 克罗伊茨菲尔德—雅各布二氏病（Creutzfeld-Jacob Disease），即发生在人类中的海绵状脑炎。

② 桑芮（Tracy Sonneborn，1905—1981），美国微生物学者。

有发育生物学者提出，在胚胎分化中，改变特定蛋白质的空间构建模式或许对于确定特定一组细胞的发育起着一定作用，它们决定着这组细胞究竟会变成肝脏、肌肉还是其他组织。在这种例子中，各种器官就相当于由改变了蛋白质体系的朊蛋白所传递到组织上所发生的“病理学”。

对蛋白质连续性的研究已经揭示出一种与DNA主控相类似的遗传，它与DNA遗传相比一点也不逊色。这极大地颠覆了遗传学中核心教条的本质，因为它忽视蛋白质的字母次序，却关注蛋白质的空间分布。

接触遗传还有其他一些值得注意之处。第一，接触遗传能够与环境甚至日常饮食发生物质交换，不必等到DNA病变的机会，它们也可以进行一定的调整。第二，这种接触遗传能够以一种疾病或某种印记的形式进行传播，这种传播方式不但可以从祖先到后裔，而且也见于邻舍与熟人中间。

无论如何，我们所面对的真正问题就是各种形式的稳定性。朊蛋白所导致的异常，尽管对我们来说有些例外，但却足以论证一种基本的稳定机制，姊妹蛋白质中结构上连贯一致的体系，以及蛋白质形态学上的一致性，这种一致性可以拓展到发育中各种器官的广大范围之内。

动物的有机体源于它们的受精卵。蛋白质体系的生殖原理与晶莹的种子相似，都必须经过卵的阶段。遗传学为我们提供了许多所谓母系或细胞质遗传的实例。这种遗传构成了孟德尔式遗传中最显著的例外，孟德尔式遗传消减了父母双方或雌雄彼此间的差异，所有的特征都源于父母双方。而在杂交世代中，隔离是不会发生的，所有的子孙都具有一个来自母亲的特定性状，其中的原因或许是，对于细胞质（蛋白质）结构而言，精子的影响力甚微。最知名的例子就是呈左、右手性螺旋的蜗牛锥实螺（*Limnaea peregra*）的外壳。子孙后代的壳饰在手性方面总是与母亲的相同，而与父亲无关（曾有过可对这一现象进行干预的基因突变描述，正因此，才有了对这一现象的研究）。另外，这也是诉诸蛋白质的连续性而进行空间分配的良好范例，蛋白质连续性通过母亲的卵细胞得以体现。研究人员为了重现“DNA 包罗万象”的神圣境界，根本不必把精力全然花费在能够改变过程的基因上。蛋白质遗传壮阔而又普遍，其难以研究的事实也足以说明其无所不在。

遗传学是探讨变化的科学，而不变性是经受不起遗传学判断与推敲的。遗传学一直忽视母性中最根本而又普遍的奉献精神，这种精神一直都没有改变。“DNA 包罗万象”这种教条同样也忽略了母性的慷慨无私与坚定不移。

# 第十四章　生命似盛大舞步

物理学的第一课就告诉我们，物质有三种状态：固态、液态和气态。我们知道，水可以变成冰，或是保持本身的液态，也可以变成水蒸气，这些变化都随温度不同而不同。物质也有第四种形态，它介于固态和液态之间，介于坚固的晶体与多变的流体之间，它就是“液晶”态。这种善变的过渡状态常用于数字时钟和电脑显示屏。其绚丽的颜色和温度感应色可以用来当作“即时”温度计，甚至在时装界也能派上用场。身体中不同部位的温度不同，服装纤维会因此呈现出不同的颜色和阴影。然而，时装模特一定还不知道她身体的内部组织与她所穿着的衣装一样，在适当光线的照耀下，也会散发出绚丽多彩的光芒。

绝大多数生物结构都是液晶态的，但它们会保持一种并不坚硬的固态，因为这种状态对生命体是有益处的。所有的细胞膜都是液晶体，染色体中DNA也是液晶体，其他液晶体还包括普遍意义上的蛋白质和细胞骨架、肌肉以及特定结缔组织中的蛋白质。

如果我们将蛋白质分子都用棒或桩来形象地表示，那么，固态的蛋白质晶体就会变成一段狭长的栅栏，在三维空间展开，其中每个桩子都处于适当的位置，而所有的桩子都指向相同的方向。如果升高温度，连接键就开始松散，分子彼此固定的顺序就会被打散，但分子之间依然保持着较弱的连接力，彼此依然保持平行，指向相同方向。

这种可伸缩的、连贯一致的栅栏被称为液晶体的“流晶阶段”。温度进一步升高，相同的秩序就会被打乱，这时的分子会失去其方向性，并自由移动，变成混乱的流体。液晶体尽管可以移动，有弹性和活性，但却是有序排列的。每个分子都会将其自身的方向性信息告知与其相邻的分子，于是，一种完全一致的秩序就能够在无数分子之间彼此传遍。这种秩序并不是由各个独立分子的构成所决定的，即使所有的分子都具有相同的组合构成也无济于事。分子是通过其所归属的团体而获得秩序性，而这种团体又通过相隔遥远的分子而获得秩序性。——同样，群体或整体也是通过这种方式正常运行。天晓得究竟何人何时制定了这种秩序。

有些分子（如胆甾醇苯酸酯）像螺丝一样，具有左旋或右旋的方向性。这时，液晶态的分子就再次表现出了它们的一致性：新加入的液晶分子会与其相邻分子具有相同的左右手性，融入其螺旋阵列中，它们就像是众多平行的螺旋阶梯一样，仿佛本来就具有相同的手性方向。

液晶体具有一种初生蛋白质分子所无法具备的三维结构，就在液晶体融入蛋白质中时，从其所尾随的对象上获得了这种结构。正是通过这种方式，蛋白质分子获得了自身的折叠模式，并一直保持着这种折叠模式，从而使蛋白质分子具有活性。

朊病毒在神经细胞膜上大肆破坏，受到破坏的蛋白质通过这些液晶体的细胞膜，将其畸形的自身接触传递给整个系统。蛋白质分子通过彼此相邻保持着形态上的连续性，而朊则是产生混乱秩序的媒介。

蛋白质体系生理状态的调整是通过电磁力来完成的。细胞膜液晶体中的栅栏在空间上的方向性由通过围绕并贯穿细胞中的电磁力来决定。一旦蛋白质在这些力的影响下获得方向性，它们也决定了相邻单元的方向，并将这种方向稳固下来，这就像是，草地上的无数草叶在一阵强风吹拂后便朝向风力方向。分子所指示的方向一直受到其“指挥者”或“吸引者”控制。如果这种方向像风力一样发生了转换，那么蛋白质也会乖乖地朝向新的引力端，其自身的方向也会相应地作出调整，这种支持性的力量还会彼此相传。如果分子的状态发生改变，晶体就会固化，如同在安静的草地上，无数草叶的朝向都定格在最后一次狂风的吹拂中。来自这种数百万有序分子的一致性就构成了分子的“连贯体系”。

电力或磁力协调一致刺激生物体的生长发育，它们会产生能够调控分子阵列整体方向的“场”，同时，庞大的分子阵列也把这个“场”形象地展示了出来。水生动物水螅在身体的一端为冠状的口，另一端为足。口端具有正电极性，足端呈负电性。微弱的电流在水螅发育状态的身体内流过，电流的极性如果发生倒转，相应地，口就会出现在身体的另外一端。卵细胞也具有电极性，在受精的卵细胞中会出现微小的震荡电流。这些电流流过胚胎，到处释放，刺激细胞，引导其生长发育，引起折叠和振动，促成新模式的产生，新生模式又需要更大更多的电流以及更多的折叠。这些矢量力得以发生的动力来源就是所谓的“形态发生场”，正是通过这个场，生物的生长形式才一点一点地逐渐形成。而液晶体就是这个场的载体，在细胞核中，这种微小鲜活的岩浆流对基因发号施令，基因的机关或开或关，为细胞核这一不可测度的大熔炉添砖加瓦。

并不是基因在引导原始生长形式的发生，而是生长形式选择了基因，并命令其完成生长发育的计划。

常见的晶体——尤其是液晶体——都能够折射外来光线，只要在合适的条件下，还能够产生一系列绚丽的色彩。随着分子的方向在可伸缩层中不断改变，其反射光的强度和色彩也相应地发生改变。何美宛（Mae Wan-Ho）是从事英、汉语言的研究人员，曾与显微镜学专家劳伦斯（M.Lawrence）一起，利用娴熟的技术，发现了基于液晶体折射成像的新技术。何女士面对液晶屏幕，欣然惊叹道："在踯躅爬行的果蝇初孵幼虫身上，彩虹所有的颜色都可以找到……生命如彩虹一般绚丽的色彩竟然都在这小虫子体内！"

这种长度仅1毫米的果蝇幼虫在彩色显示器上成了关注的焦点，"仿佛从梦境幻化而来"。它在爬行时，头部的色彩从一侧变化到另一侧，颚部肌肉在紫红色的背景下不断闪耀着蓝色和橙色的条纹。若干条由分离的肌肉所组成的条带色彩斑斓，变化多端，从灿烂的碧绿色到光亮的朱红色，明亮而绚丽的彩色波浪沿着幼虫的身体不断传递。当肌肉收缩时，体壁的颜色由紫红色过渡为紫色，伴随有绿色、橙色和黄色的彩虹色调。

这光之舞标志着果蝇幼虫的生命，也伴随着幼虫的成长发育过程，这光之舞就是由液晶体中的电流精心编排的，它们只是液晶体接受电流又将电流重复展示而已。如果把果蝇胚胎放在弱磁场中，那么幼虫的细胞分裂就会发生异常。众所周知，磁场会产生螺旋波，扰乱液晶体所产生的电场。众多分子即使相隔遥远，其组织协调依然不受影响，这多亏了具有高度一致性的连贯体系。

在这种令人印象深刻的结合方式中，连贯体系从来都不会在局部出现散漫自由的不和谐。何女士将其比喻为"一个交响乐队或一场盛大的芭蕾舞，甚至更好的说法还有，一个爵士乐团，其中，每个人都在做着自己的事情，却总与乐团全体协调一致"。这从另外一方面也体现了整体与局部的关系。

提及物质的三种状态，我们所给出的例子是水，水能成为冰、液态或蒸汽。冰的表面像玻璃一样光滑，如晶体一般通透，这些特点都可以在雪花中得以体现，然而，液态水并没有结构，也缺乏记忆性，它是天真无邪与纯洁的标志。

圣弗朗西斯[①]就曾写道："赞美我主！我们的姊妹如水一般，有益又甚卑微、高贵又纯洁。"

从物理学的角度来看，水分子 $H_2O$ 更像是一只具有精确刻度的罗盘，单个氧原子位于顶点，氢原子位于两个末端。这种结构使水分子具有电极性，因此，水分子在外界电场中会选择某一方向。物理学中的水并不像圣弗朗西斯所说的水那样温文尔雅，它生而顺从，因为它的分子就像是微小的触须一样，永远处于戒备状态。当这些分子彼此交换信息时，它们能够将电震荡转变为状态标识，再将震荡信号扩大。它们由此进入了一种全新的状态，即连贯体系之中。短暂的震荡韵律被转化为实在的空间结构（普里派塔[②]）。

相对于液晶体而言，水中的连贯体系要欠缺很多——它们彼此相距约 0.1 微米，或细菌细胞的 1/10 大小。水中这些具有方向性的"微细胞"在水体中无目的游动，在混乱的水世界中形成一方秩序化的小天地。它们是生命世界中秩序的模型或先祖。从某种意义上讲，连贯的水体是具有记忆的，既具有方向性，也可以形成场。

现在我们已经知晓了产生自生秩序以及自身记忆性的若干条件，即使是在最卑微最纯洁的液体中亦不例外。让我们离开水的魔力世界，再回到生物学的形态发生场中来吧！

生物学中的形态发生场最有趣味之处在于，它能够严格保持并传递自身，却不依赖于 DNA 中的遗传构成。在生物体生长发育过程中，两套体系相互影响，形态发生场唤起基因流，基因流为发生场提供其所需要的原料。20 世纪下半叶的重大新闻就是认识到了遗传途径除了众所周知的 DNA 渠道以外，还存在第二种形式，它如同与 DNA 长河相伴

---

① 圣弗朗西斯（St. Francis，1181—1226），意大利天主教著名修道士，圣人，圣方济各会创始人，在西方影响极其深远。

② 普里派塔（G. Preparata），美国华盛顿大学政治经济学副教授。

而行的汹涌洪流一般。勾勒出发生场的图像并不容易，因为它们在本质上是三维分布的，另外，它们还不稳定，一直在持续地发生着变化。然而，区别苍蝇与蓝鲸、贻贝与骏马的秘密或许就隐藏在这些图像里。

我完全可以想象，有些人一定会询问，为什么要引入宏观假说以及颇具隐喻意味的形态发生场，这些假说挑战了因果逻辑，甚至对飞逝的时间之箭也提出质疑，我在本书的最后两章中还要再作分子方面的解释，如果能够为蛋白质重新找回尊严该多好啊！同样的问题也在质问我自己。只有一点确定无疑，即采取行动之前谁也不知道结果如何。我仅仅想就一点作出评论，允许蛋白质彼此互通状态信息并进行遗传，这其中的缘由并不符合机械论或因果论，而是一种方向性上的团结一致，是一种“形态共振”（谢德拉克[1]），连贯体系中的每个单一元素均受制于某种力，同时又将这种力展示出来。自然系统本身就具有一种内在的集体记忆。这种记忆将连贯性赋予分子、晶体、细胞、白蚁群、蜻蜓群、飞鸟群以及人类的若干神话。正如谢德拉克所言：“万物呈现其当前之样式乃因其曾经如此。”

---

① 谢德拉克（Rupert Sheldrake，1942—），英国生物化学家，超心理学学者，科普作家。他关于生物发育的理论颇具争议，却被大众广为接受。

# 第十五章　拟叶昆虫[①]比叶子出现得还早

许多动物都能完全融入它们的生活环境中，让人难以发现，人们只能在这些动物移动的时候才能注意到它们。在积雪覆盖的小山上，白鹧鸪、旅鼠、极地狐总是披着雪白的毛皮或带着某种伪装，巧妙地隐蔽自己，避免被发现。随着春天的到来，积雪开始融化，它们白色的伪装也开始逐渐消失，取而代之的是与温暖季节和田野相适应的暗褐色毛皮。在沙漠里，绝大多数动物都与沙子或岩石的颜色差不多。鸟类中的猫头鹰、夜鹰、百灵鸟，哺乳动物中的小羚羊、沙鼠、田鼠，爬行动物中的角蛇、响尾蛇以及多种蜥蜴——所有这些动物都颜色灰暗，行为低调，过着隐士一般的生活。当罕见的细雨为荒凉的戈壁带来一丝美丽绿意之时，毛毛虫以及绿色的昆虫就会突然大量地出现在草丛中，实际上它们只是对突然出现的叶绿素进行拟态而已。

各种善于模仿的生命体都喜欢待在叶子上，不管叶子是新鲜的还是枯干的。有些叶丛中微小的栖居者所依赖的就是绿色的伪装，它们中最巧妙的模仿者甚至还会模仿出叶脉和叶子的形状，变成叶子中的叶子。

① 拟叶昆虫（leaf insect），这是对竹节虫科中约25种扁平绿色叶状昆虫的统称。这种昆虫体长约60毫米，雌虫的前翅（复翅）革质、两翅的边缘在腹部上方相接，翅脉的样式类似于树叶的中脉和脉纹；后翅退化无功能。雄虫的前翅小，后翅大，非叶状，能飞。

对于歌德的话："所有的一切都是叶子[1]"，它们回应道："我们亦然。"枯叶蛱蝶（*Kallima*）[2] 的翅膀在折叠时就像一片完美的树叶，而展开翅膀开始飞行时，翅膀的上表面呈现的是鲜艳的颜色以及"蝴蝶夫人"一般美丽的大眼睛。叶修（*Phyllium*）——具有狭长触角的蝗虫，以及美洲的一种热带螳螂，都具有完美的拟态现象。这种螳螂的足和身体可以呈薄片状展开，使整体外观像一束叶子。而蝗虫为了能够拥有逼真的装饰伪装自己，身体上还有一块貌似腐烂的斑点，这个斑点使它们显得仿佛已经遭受霉菌侵袭一样。

通常对叶子拟态的动物会模仿干枯或破损的树叶，它们会在掉落的层层黯淡树叶中找到藏身之所，因为在那里所有的叶子都彼此相像。有一种体形娇小的南美洲鱼类酷似一片树叶，它会使自己浮在水面上，形似一片随着河流飘落而下的枯叶。

对于拟态行为，争议众多，而新达尔文主义却迫不及待地将这种行为吸纳进来，因为，按照推测，这种行为表明了动物具有娴熟的技巧，同时也支持了实用比美观更重要的观点。拟态的动物总是甘愿放弃或被漠视其自身的存在，这与波尔特曼的自我展示[3]行为刚好相反。拟态行为限制了它们与外界的联系。很显然，拟态行为的目的是为它们的生存提供保障，然而，动物同样也需要被认知、注目甚至让人觉得战栗，动物也需要展示自身。就我目前所知，尚无证据表明拟态行为是动物源于其丑陋亲祖的变异结果，纵使真的是变异现象的话，那么显而易见的就是，它们证明了在 DNA 不发生改变，即，本质身份不变的情况下，外

---

① Alles ist blatt，德语。

② 枯叶蛱蝶（*Kallima*），著名拟态昆虫，翅面褐色或紫褐色，有藏蓝色或蓝色光泽。翅腹面枯叶色，静息时前翅顶角至后翅有一连贯的深褐色纵纹，纵纹两侧有斜线纹，极似叶脉。翅反面的色泽线纹因个体和季节不同而有差异，但不脱离枯叶状，飞翔时色泽艳丽。

③ 波尔特曼（Portmann），瑞士生物学家。关于自我展示详见第五章。

观是可以发生改变的。有些动物在下雪的时候就会换上白色的毛皮，而春天积雪开始融化时毛皮又变为棕褐色，这表明，这些动物的伪装只是听命于温度的变化，而不是基因的改变。喜马拉雅野兔具有厚厚的白色毛皮。如果把这种野兔的毛刮去，再把野兔安置在温暖的生活环境中，毛还会再长出来，但新长出来的毛却是深色的。魏斯曼曾在遗愿中要求将两种蛱蝶（*Vanessa*）放入他的遗照之中，从遗传角度讲，这两种蛱蝶是一样的，其中的一种具有红色翅膀，另外一种具有黄色翅膀——这种差异只是季节变化导致的。

许多动物都在身体颜色方面进行伪装，其中，最典型的例子就是变色龙，这类动物能够改变身体的基本颜色，变色行为有时需要数天之久，有时却可以瞬间完成。西非有耳变色龙的体色可以从深绿变到浅绿，费瑟变色龙的褐色体色可以进行深浅变化。头足类动物，如乌贼、墨鱼以及章鱼等，能够随着背景的转换而迅速改变体色。一只蜘蛛蟹如果突然遇到一只黄色的猫爪草（*Ranunculus*），它就会把自己也变成黄色；如果被放在一朵白色的紫罗兰花上面，它的颜色便会逐渐褪去。

所有这些颜色变化都与遗传变异无关，它们只是动物生理上的调整，只是动物体中含有颗粒状黑色素的表皮细胞受光暗影响而作出的反应。释放出色素，体色就变暗，色素集中起来以后，色调就开始转变为灰色。有些动物的色素是彩色的。

拟态动物所有的娴熟技巧，以及它们模棱两可、善变与机敏，几乎都与遗传变异无关。曾引起广泛讨论的白桦尺蛾实验只是暗示了短期的遗传适应，令人悲哀之处在于它竟然成为一类现象的范例，这类现象如果有实例的话，最引人注目的例子莫过于上文所讲的内容了，即动物如何在不必经历长期危险不安甚至致命的遗传旅程，就能够完成体色与外观的改变。

在动物伪装的实例中，那些变成复杂形式的伪装更有趣味。有些动物会把自己变平，融入环境背景中去，有些会把自己卷成球形，有些则向外伸展，这些动物们的模仿形式稳固可靠、细致入微，不禁让人叹为观止。

有一类奇怪的昆虫，它们与鞘翅类（*Coleopterans*）很相似，被命名为竹节虫目（*Phasmids* 原意为“幽灵”），它们能够通过模仿周围环境中植物的颜色与形式，从而使自己隐身。竹节虫和拟叶昆虫都是这类昆虫。这些机敏的动物常被当作是拟态适应的实例，然而，如果追索它们的化石记录，就不免让人感觉窘迫，古生物家在它们本不该出现的地方找到了它们。这些幽灵般的昆虫——对叶子和枯枝难以置信的模仿者——究竟是如何出现的？这仍是一个秘密，是未解的科学难题。对此，主流的、功利主义观点的解释是，这些昆虫在变得像是树叶和枯枝以前，与树叶树枝等混淆在一起，经过一次又一次的变异，它们开始变得与背景相似，直到它们变成了我们今天可以看到的（我们并不能看到这个过程）、在植物上呈现出来的完美模型。然而，很可惜，这些巧妙的模仿者还未等到从它们的模仿能力中获益，就已经成了它们天敌的盘中餐了，因为天敌很容易就发现它们了，这种解释很难说得通。然而，最让人感到意外的惊奇之处却来自古生物学。最古老的竹节虫目化石（可以追溯到第三纪波罗的海琥珀中，距今约 5000 万年）看起来与它们今天的种类一模一样，这表明并未发生过渐变。有理论认为这些竹节虫类起源于德国晚侏罗世某些直翅类昆虫，后者的化石历史可追溯到 1.5 亿年以前。然而，最古老的竹节虫或拟叶昆虫（原竹节虫 *Protophasmids*）可追溯的地质历史时期却更加遥远——二叠纪（古生代，约 2.5 亿年以前）。或许有人会认为，这些昆虫从更为古老的时期开始，就在着手逐渐完成它们拟叶的过程了。然而，情况却绝非如此。具花、具叶类植物（显花植物和阔叶类植物[1]）的出现并不早于白垩纪（约1亿年以前），却要远远落后于最早的原竹节虫类。这一时间序列上的异常说明模仿者比它模仿的对象出现得还要早，拟叶昆虫专家以及古生物学家们均对此惊惶不已。弗里茨·卡恩（Fritz Kahn）在其著作《自然的伟大之书》（*Great Book of Nature*，1954年）中断言，一定在某处出现了某种差错。拟叶昆虫怎么能够比它所仿效的阔叶植物更古老呢？我曾在一期知名杂志上看到过一幅拟叶昆虫的图片，图片在注释中将巧妙的模仿归因于一种“预知”力，而被它所预言的事物竟然在数百万年以后才产生！

竹节虫类倾向于使身体变得像叶子一样扁平，或是把身体伸展得像树枝一样狭长，如果不考虑拟态，那我们必须承认这些昆虫所具有的这些趋势在相关植物出现以前就有了，而且，它们的出现也与植物无关。谁知道呢？或许竹节虫类也分不清楚哪些是植物的枝叶，哪些又是它们自己。

我曾就此向昆虫学家们请教，他们总喜欢对竹节虫类遮遮掩掩。侏罗纪的直翅类（1.5亿年以前）已经被排除了其尚未确定的祖先位置，原竹节虫类在系统关系上也被排除在外。然而，这种划分并不能改变大体局势，即拟叶昆虫和竹节虫——这些幽灵般的昆虫——比叶子和枝子早出现了1亿年之久。罗文丁[2]对此写道：“这就仿佛说，铁路线、火车站，火车顶棚以及火车信号箱，这些早在火车出现的一千年以前就被发现了一样。”

---

① 显花植物（phanerogams）、有花植物（flowering plants）、阔叶类植物（latifoliae），这些都不是分类上的名字，其所指的主要是被子植物。

② 罗文丁（Richard Lewontin，1929—），美国进化生物学家、遗传学家以及社会评论家。毕业于哈佛大学生物系，对分子演化学研究有一定贡献。

罗文丁还使用这一比喻对另外一些更加难以置信的发现予以评论，即每种生物的每种器官都代表了为了生存问题而在演化上所采取的“解决措施”，这种未经证实的说法实在是谎言。他引用了 1993 年 7 月 18 日《科学》杂志上由勒班德儒和塞普科普斯基[①]所撰写的一篇文章。这篇文章主要是对昆虫口器所进行的研究。由于昆虫的口器极其微小，常常难于观察，尽管这些昆虫所吃的食物往往只是鲜花嫩草，但是，如果这些口器的大小变得很大，比如像狗嘴一般大小的话，那我们一定以为所看到的是恐怖怪物或杀人机器了。昆虫的口器总是由四个部分叠合而成——上唇、上颚、下颚以及下唇，有的会具有一个咽。咀嚼类昆虫，如蝗虫、甲虫和蟑螂，上颚和下唇会组合成强有力的钳子，其中包括各种各样的组成部分，如铰合部、茎节、外叶、内叶、负唇须节以及狭长、分节的下唇须。双翅目类（如苍蝇）往往具有特化的下唇，具有重要的唇瓣，这种结构非常适合吸食液体，这类口器有的很长、很坚硬，可以刺穿动物皮肤。蜜蜂的口器具有精巧的下颚与唇叶，这些结构细长而突出，形成一个刮勺，可以帮助舔食花蜜。蝴蝶的口器中颚叶极长，而且还联合起来形成了一个突出的喙。在一些半翅目中，较低的颌变成了位于下唇的四根口针，这一结构所形成的狭长的喙为四根口针提供了具有保护作用的鞘。

为了重建这些口器的历史，勒班德儒和塞普科普斯基查看了超过 1200 多科昆虫的化石。按照预期推测，昆虫发生多样性分化应发生在被子植物大发展以后，有花植物先留下诸多“问题”，之后才能指

---

① 勒班德儒（C. Labandeira），工作在美国史密松尼亚研究院（Smithsonian Institution）国家自然史博物馆；塞普科普斯基（J.Sepkoski），芝加哥大学。二人均从事古生物学以及演化方面的研究。相关的文章为：Labandeira C.C., Sepkoski J., 1993, Insect diversity in the fossil record, *Science*, 261, pp.310-315.

望昆虫对这些问题找到相应的“解答”。然而，被子植物的大发展仅仅发生在最近的1亿年以内，而昆虫的多样性显著增加却在距今3.2亿年以前就开始了，昆虫科一级的数量在最初的1.5亿年间以指数级增长。而一旦被子植物开始出现，昆虫多样性在数量上的增长就几乎停滞了。因此，昆虫中约有85%的科早在第一朵花绽放之前就已经出现了。

很显然，昆虫的口器与花之间的关系是密切的。当勒班德儒和塞普科普斯基进一步研究了化石与现代昆虫口器的结构组成之后，他们得出结论认为，构成昆虫口器中几乎所有（超过95%）的组成部分在被子植物出现以前都已经出现了。

这究竟是怎么回事呢？这些复杂精细的器官怎么能够就那样无所事事地存在亿年之久呢？它们并没有为某个或数千个“问题”提供“解答”，它们也并非自然选择的结果。对此，人们又能给予何种解释才能使这种颠覆历史、逆拨时钟的事实找到意义呢？

对我来说，所有这一切都支持了一种观念，即生动的现实世界只是对可能性的一种尝试，这种尝试在一个含混模糊的、被称为现实的世界中，在数百万年之久的时间内一次又一次地进行着，抛弃所有的停顿，使自身具有某种用处，或是隔离自身而毫无用处，彰显着生物之不可思议而又让人费解的适应性。然而，亿万年以来，这些昆虫仍要在苔藓、蕨类植物、蝉类、松柏类等组成的世界里，在大型爬行动物的王国中喂饱自己。它们需要为它们的食物而奔波劳作：它们有刀，有叉蜢，还有勺子，相对于它们所依靠的对象以及所需要的木质食物而言，它们显得富足而奢华。当多汁美味的食物以及令人愉悦的绚丽餐桌终于出现在它们的世界中时，盛宴才开始，此时，尤其是它们口器中的刀具才能得到完全使用，长久以来的虚荣也终于得到了满足。即使是在今天，我敢打赌，在丝毫不受损害的情况下，昆虫口器中的许多部分仍能发生改变，昆虫的历史有太多过往之事，它们的想象力也一定减少了许多。被子植物已经占据了所有的形态空间，以它们为食的无数张嘴也在各处都有分布，植物仿佛成了餐馆一样，餐桌上时刻预备着一件食品，期待着具有特定习惯与偏好的食客们的到来。

# 第十六章　生命形式中潜藏的根

教皇约翰·保罗二世（John Paul II）在宗座科学院全体会议（1996年）上的致辞中曾说："曾被广泛传阅的《人类遗传学》（1950年）出版至今，已接近半个世纪，日益增多的新知识与新发现已使人类对进化理论的认识远远超越了一种假说。"

笔者认为，任何自然现象，只有在被严格的理论概括之后才能成为科学所从事的事业。月食长久以来都被当作一种神秘现象，代表了恶龙吞噬夜之女王，或是宙斯神吞没忒弥斯神。当我们从天文学的角度接受这一现象之后，它才变成了科学研究的对象，它只是月球经过地球的阴影所造成的现象罢了。天文学理论会作出无数种可被证实的预期计算。正如教皇所说的一样，理论需要不断与事实相比较，在比较中得到验证，"如果它不再能够解释（事实），就说明其受到限制或不再合适了，那时，一切就必须重新考虑"。

达尔文主义的理论所依据的观念就是，当被隔离处于不同的环境之中时，各种生命形式能够逐渐变化为其他形式，或者说各种各样的生命形式会逐渐发生。从来没有人真正见证过这种现象，而进化理论却对这些过程之后的明确结果作出了预言。举例来说，进化论假定了化石记录中存在诸多"中间形式"，这些中间类型被认为是在数百万年间分支产生出来的。在分子方面的例子中，进化论假定了一系列适应性变化

(突变)，并用这些变化来解释形态上的差异。分子方面的研究或许就是上文教宗所暗指的所谓“新知识”。

然而，我在这里想要告诉教皇一声，那些信息完全是错误的。分子生物学的确证明了各种生命形式之间的一致性，然而此外的一切却都让进化论的各种期许失望了，比如对生物多样性的解释。生物之间在形态学方面差异显著，而在细胞学方面却非常相似，在生物化学方面几乎完全相同。尽管有一点可以肯定，即两种生命形式的关系越遥远，它们在分子方面的差异就越明显，然而，这些差异与它们在形式上的差异几乎没什么关系。蛤蜊与马相比，前者的分子丝毫不比后者的分子更具水生性或更像是来自软体动物。

蝙蝠的分子相对于鲸鱼的分子并不会使生物更具飞行能力或更能攀爬。这里所讨论的种种变化完全是中性历史的结果，所谓中性历史是指在不改变含义的情况下，信息一直传递，直至被完全破坏，而形态上的差异却依旧保留，安然稳妥，并不受搅扰。

生命体在数十亿年中一直是极微小的单细胞形式。在地质学上一个短暂的时期之内，仿佛突然间传来了一声咒语，栖居在地球上的各种主要动物突然同时出现，而且包括所有的形态“类型”或门类。这一事件大约发生在5亿年以前，寒武纪的初始时期。包括线虫类（蛔虫）、环节动物（蚯蚓）、节肢动物（昆虫和甲壳类动物）、棘皮动物（海胆与海星）、脊索动物（人类就属于这一类）以及众多其他门类都在寒武纪之初就出现了。在此之前，根本没有可以产生这些生物的化石记录。莫企逊[1]早就曾论证过这种“生命大爆炸”（1830—1840年），比《物种起源》（1859年）提前了二三十年，而达尔文对此也很坦诚，并未给

① 莫企逊（Roderick Murchison，1792—1871），苏格兰地质学家，地质时代之一的志留纪就是他命名并首次描述的。

出任何解释。达尔文认识到了寒武纪“众多动物门类同时出现”，也质疑“为什么未能找到丰富的化石记录”，即一些假定的、寒武纪以前的祖先类型，对于这种疑惑，他“无法给出令人满意的答案”。在一个半世纪之后的今天，情况依旧如此。

这表明，生命现象并不像是逐渐扩大的三角洲河口一样，符合达尔文主义的机制——生命形式渐变发生，类型发生多样性分化，相反，生命现象如同异常壮阔的即兴表演，其所凭借的剧本不禁让人想起居维叶的灾变说[①]。

当多细胞生物开始起源之时，地球上已经生活有多种生物，这些生物似乎应该在很久以后才产生，从那时起，地球见证了生命世界中令人惊奇的交替与更新。生生不息的世界从“协同一致的大爆发”中开始形成，在广阔的地域范围内，甚至诸多全新的生命形式也能够“一露尊容”，这一切既不是简单的发明创造，也不是生物体在地理上的扩散。

各种生命形式的大爆发并非只是斯芬克斯谜语书中一道简单无趣的未解谜题。它与达尔文式渐变主义关于动物形式起源的机制完全相反。然而进化论者似乎并未受到这些搅扰，他们依然将关于适应的理论到处运用。

提出新理论的新达尔文主义者或“自然选择论者”都是从事遗传学和生物化学研究的人，这些人大多对地球的历史都不懂——也极少会感兴趣。他们的世界完全是在实验室中，是在试管中，他们在乎的是对这个世界的操控，而不是去理解。在科学上经常出现这样的事情，他们

---

① 18世纪晚期到19世纪初，人们发现大量的生物化石，地球历史上曾生活过许多现今不存在的生物。法国学者居维叶（Gtorge Cuvier，1769—1832）据此提出了灾变论。根据灾变论，地球上绝大多数变化是突然、迅速和灾难性发生的，在整个地质发展的过程中，地球经常发生各种突如其来的灾害性变化。

将实验中所采用的小伎俩想象成是大自然构建生物圈的智慧方式——甚至，在他们看来，生物圈其实是多余的。他们忽视冷杉树与落叶松、雄獐与野山羊彼此之间的差别，这一点他们仿佛是在自吹自擂，因为偶然性在他们的理论中起着决定性的作用，而这对于实际情况如何发生往往意义不大——就像是彩票中的众多数字一样。曾有一个刻薄的玩笑是这样说的：一个科学家与一名牧羊人打赌猜测羊群中羊只的数量，赢的人将获得一只羊。结果科学家猜对了，正当他兴高采烈牵羊的时候，就听到牧羊人在背后说："你一定是分子生物学家，对不对?"科学家反问道："你是怎么能猜到的呢?"牧羊人回答说："这没什么，请不要牵我的狗。"

脊椎动物类（实际上应该是亚门）可以分为若干个纲。其中包括无颌鱼类（七鳃鳗）、软骨鱼类（鲨鱼）、硬骨鱼、两栖类、爬行类、鸟类以及哺乳动物。试图证明这些现代生命形式都源于它们更多的古代类型，或是寻找若干中间类型，这种尝试已经完完全全失败了。一直追寻的"缺失环节"依然是缺失的。

20 世纪 60 年代，生物化学家们欣然接受了进化论，从此，他们便立刻以难以抗拒的热忱投身到了进化主义的阵营之中，并试图开始构建出一幅壮观的生命谱系图，当然，是以分子为基础的。1969 年，德浩夫①断言道："此种方式构建的谱系图与利用传统的形态学资料勾勒的谱系图具有相同的结构。"然而，这一谱系图却充满了矛盾。我和我的妻子伊莎贝拉所研究的材料与德浩夫在声言中所依据的材料是相同的，都是 100 种氨基酸细胞色素 C 分子。我们检查了七鳃鳗、鲨鱼、青蛙、乌龟、食火鸡、马、猕猴以及响尾蛇等动物的蛋白质序列，从这些已发

① 德浩夫（Margaret O. Dayhoff，1925—1983），美国物理化学家，率先运用计算机进行化学和生物学研究，生物信息学的创始人之一。

表的资料中，我们得出结论，这些数据支持如下假说（我们将其称为空假说），即所有各纲动物的细胞色素C都同时起源于一种相同的分子祖先，该分子在各纲中并无优先顺序。哺乳动物、乌龟、两栖类、鲨鱼以及七鳃鳗一同分化出来，并没有哪种动物比其他动物先出现，更不用说是祖先了。这里仍有一丝困惑难以理解：在谱系图上，灵长类（人类也属于此）与蛇类长久处于一个分支之下，鸟类在某些方面与乌龟具有极大相关性，鲨鱼与七鳃鳗也具有很大的相关性。其他研究人员同样也注意到了这些异常的结论。人类与蛇之间奇怪的血族关系在《圣经》中似乎也可发现。二者都以天使后裔的身份突然出现。蛇，这种无足的动物，被诅咒用肚腹来行走，同样，男人由于他的血气，被诅咒汗流浃背方得糊口，而女人则被诅咒饱受生产之苦。三者均失去了他们乐园的生活。[①]

在分子生物学研究中最令人困惑之处莫过于这样的发现，即各种动物的同源蛋白质中所有可观察到的差异都是“中性的”——对功能或生命形式并无影响。鸡身上的细胞色素C在菠菜中同样表现完美。对于人类与猴子，或是小鸡与菠菜之间的差异，并没有人会用突变现象来解释。

让我们回到古生物学所提供的记录性证据——化石——上来，我们会发现现代哺乳动物（真兽亚纲）为协同爆发现象提供了最明确的实例。超过20个哺乳动物的目差不多都是在新生代之初（约6500万年以前）同时出现。化石记录中率先出现的是灵长类和食虫类，紧接着是啮齿类、食肉动物类以及有蹄类，在鲸类出现以后，接着是鳗螈、长鼻类动物和植食动物。实际上，所有这些动物都是在古新世的数百万年以

① 《圣经·创世记》记载，人类受到化身为蛇的魔鬼的引诱，违背了神的旨意，犯了罪。犯罪的结果就是遭受了诅咒，因此，蛇只能爬行，妇女受生产之痛，男人为了生计要辛勤劳作。

内出现的，距各种动物的首次出现约有4.7亿年之久。古生物学家们难于找到爬行动物和哺乳动物之间的中间形式，他们甚至对各目动物之间的渐变过渡不敢想象，这些对应的现生动物类型，如蝙蝠与鲸鱼、田鼠与大象，彼此之间差异毕竟太大了。

并没有过渡型蝙蝠被发现，也没有人能为各个目级哺乳动物像神话寓言一般，想象出一位合理的共同祖先。所谓能够表现生命形式逐渐变化和分化的谱系图，以及达尔文主义对这一“事实”所提出的进化解释——这些根本就是无中生有。我们所看到的都是从虚空中成长起来的无本之木，以及众多不同种类的、相像却丝毫不知彼此的花花草草。如果我们一定要为它们找出众生之母，那么这位母亲一定微小而精细，万物均囊括其中，却几乎无法全然展现，从这娇羞的幼虫中，产生出苍白得近乎虚空的后裔，却期望着它们有朝一日像蝴蝶一样，在多种色彩斑驳的生命形式中振翅而飞。

格赛[①]就勾勒出了这样的转瞬即逝的伟大母亲，它形式古老，难以适应，就像多产的胚胎一样。即使我们能够找到她们，也无法得知它们的宿命，它们的宿命只有在受到一些不确定的吸引之后才能被激起，才能显现出来。格赛将它们比喻为植物的根系，就像草莓的匍匐茎一样，不断有丛生的小叶子从这些茎轴上萌发出来。潜在土中的匍匐茎萌发时不会受到任何损害，因为它不会展现自身，它能够得以保存正是因为它是隐藏着的，当它生长到茎节处，就会接收到阳光的照耀，此时它迎来了最辉煌的时刻，也迎来了它的死期。

格赛将多种相关生命形式的大爆发比喻为植物茎节上轮状嫩枝的生长，其中的茎轴就相当于那位古老母亲。众多分枝的趋同与收敛，并不是意味着所有的类型都是单一辛勤劳作的结果。要知道，众多子代幼体

① 格赛（Pierre-Paul Grassé，1895—1985），法国动物学家，是研究白蚁方面的专家。

会在广阔的地域内扩散，孵化出的成体也遍地开花，直到有一天，它们都听命于岁月的召唤。想一想竹子就可以了解了，这种植物在世界上广泛分布，在它们的纬度带和高度区，数年之内都保持绿色，一起开花，也一起死亡。

正当格赛在阐述他的模型时，克里萨特[①]正游走在各大洲考察各种现代和化石动植物，他正在发展他的“泛生物地理学”理论（见前文第十章）。克里萨特设想了一种特定的阶段，其间，远古形式能够从广袤的地域之中飞越出来（“活动论”）。突然间，它们开始分化，在各个独立的区域中开始定居（“保守性”），它们可能会由于自然界中天然屏障的出现而进一步彼此隔离。于是，就出现了地理上或生态上被隔离的亚群体，它们发育繁衍，所产生的独特生命形式尽管彼此相像（“代替种”），却彼此未知，它们从远古、尚未分化、彼此相同的时期起就已经被隔离了。因此，在南方大陆的大草原上，鸵鸟、食火鸟、美洲鸵、食火鸡以及新西兰鹬鸵同时出现，也同时向外散播。这与哺乳动物各个目的情况有些相似，如食肉动物类、蝙蝠类、鲸类、灵长类等。相同的内驱力以及发育中的普遍规则使他们彼此可以称兄道弟，只是栖地的差异使它们变得形式不同。

克里萨特耐心细致地调研观察各种生命形式不同的展现形式，追索其中的联系踪迹。他得到的结论性踪迹穿越各大陆块，跨越了不可逾越的海洋，这些踪迹正是远古的众生之母在大陆漂移之前行走时所留下的痕迹，她昔日走过的土地今天已经消失，她的故事、她的地理掌故也已无影踪。

为了探究人类神话的各种形式，桑提拉纳与戴程德（合著有《哈

---

① 克里萨特（Leon Croizat），见第十章第104页注释④。

姆雷特的石磨》[1]）沿着哈姆雷特的传奇这一线索开始追踪。他们查阅了大量文献资料，如莎士比亚和萨克索的著作《冰洲诗集》《英雄的国土》《奥德赛》《吉尔伽美什史诗》[2]，足迹从美索不达米亚到冰岛，从波利尼西亚到哥伦布时代以前的墨西哥。他们发现，在各地，人们尽管永远都不相识相知，但是他们却在用不同的语言传讲着相同的神话。有的神话故事是从某一地区散播出去又在各个不同地域逐渐变化，而他们发现的神话却并非如此。神话的所有版本都具有独特的起源性可查。该书的两位作者结论性地总结道："思想的原始生命形式如同潜藏的植物一般，在黑暗中为自己开辟道路，深深向下扎根，逐渐向外扩展，直到植物长大成形，在不同的天宇之下都得见阳光。即使在遥远的另一半的世界里，亦会发现思想所经历的相同旅程。"

所有这些说明性资料似乎强化了一种假象，即动物的成体形式在向其他地域迁移的过程中逐渐变成了衍生形式，在迁徙的过程中，复制错误不断累积。微小的啮齿动物终于渐渐变成河马，之后变成蓝鲸，这一切都是达尔文主义的正统所乐于看到的景象，接着，再沿着浅显的路线，将成体形式通过若干尚未发现的中间类型联结在一起。海克尔曾列出过一系列虚构的动物形式，其中的每种都是前一种生命的胎儿形式，他所提出的进化路线也是如此。同时，他还将他的生物发生律概括为："个体发育重演系统发育。"

格赛所谓的根状茎，与克里萨特所追寻的踪迹一样，二者的思路都

---

① 桑提拉纳（Giorgio de Santillana），美国麻省理工学院科学史教授；戴程德（Hertha von Dechend），法兰克福大学科学史教授。

② 萨克索（Saxo Grammaticus），丹麦历史学家。其著作《丹麦人的业绩》是《哈姆雷特》故事的原始出处。《冰洲诗集》（*Edda*），古冰岛文学作品，日耳曼神话最完整最详细的资料集。《英雄的国土》（*Kalevala*），芬兰史诗集，根据民间传说编写。《奥德赛》（*Odyssey*），荷马史诗。《吉尔伽美什史诗》（*Epic of Gilgamesh*），古巴比伦史诗。

服从魏斯曼种胚萌发线（germinal lines）。魏斯曼坚持认为小鸡的生命并不是孵雏（母鸡）的后裔，小鸡和孵雏都只是同一条种胚萌发线上的侧枝而已。格赛否认同一动物门中各个纲之间以及同一纲下各个目之间的分支现象，相反，他却将这些分支视为从相同的一条枝脉中一同辐射繁衍出来的兄弟姐妹。都灵的罗莎（Rosa）和克里萨特学派的生物进化学者们曾提出过平行演化，他们的依据与此相似。

这些相关的生命形式都来自相同的一位祖先，这位无从确定的祖先是它们获得供给的唯一途径，也是它们之间的唯一联系。每种生命形式都在以其所喜悦的方式利用这种供给，从神通广大的祖先中挑选出符合自己的独特设计。

本书在这里所描述的条件也可以换一个角度来看待。在被不可逾越的屏障所分隔的种群之间，即使相隔遥远，它们依然会有某种形式的通讯联络，这种微妙的心灵感应，或多或少引导了它们的形态发育，这就是谢德拉克所谓的“形态共振”。广袤的天空中，两个彼此相隔 20 万光年的银河系可以交流沟通，共同回忆一下它们最近一次，约 2 亿年以前那次大撞击的影响。

孵雏与小鸡之间的关联在某种程度上游离于生命的时间表以外，因为母鸡与小鸡是同时代的姊妹。同样，两栖动物和爬行动物之间，鲸鱼与蝙蝠之间，它们的关联也属于同样情况。这些都已经出离了我们的历史，它们发生的时间对于我们的变老不会有任何影响。

由辐射繁衍而产生的兄弟姐妹们都处在同一时期，大致是同龄的。自它们开始发育起，它们的生命就开始了。它们所展示的法则不属于生命世界，它们为历史规划着种种生命形式，而历史从浩瀚无垠中拣选了若干形式，留下的是生命形式种种有限的可能性。

达尔文主义的模型只是一个现世的历史故事，其中的各样事物都要变化，却没有一样曾经发生过。一切都只是渴望改变、渴望变化、渴望成长的一种激情，换言之，渴望着最终赴死的熵之旅。就像幼虫变态成为昆虫，或胚胎发育成为个体，因此，为了符合伟大的生命谱系所产生的若干分枝，所有的生命形式都应该在形式之间彼此转变。

实际上，生命形式的蜕变只是表象。当毛毛虫站起身，变成蝴蝶（成虫态）时，它迟钝的脚并没有变成优雅飞行的翅膀。包裹在蛹中的毛毛虫只是在不断分解，其中只有若干组特定的胚胎细胞直到成虫期都继续保持着活性，正是它们形成了全新的蝴蝶，这如同说，一个新的兄弟姐妹替换掉了将死的祭牲。

通常，人们都会认为血统是种族和谱系延续的象征。根据近年来对胚胎学方面的研究，血实际上是一种并不会延续的组织。相反，血液细胞可以通过胚胎外的“造血区”而产生，它将特殊细胞融入血液循环中，引导造血组织——如肝脏、骨髓、脾脏和胸腺等进行工作。这些干细胞——正如其名字所指一样，具备多种多样的潜能，它们自始至终都存在于成体内，尤其是在骨髓中。它们随后会朝三个主要方向进行分化，将产生一种红血球和两种不同的白血球。特定干细胞的分化现象在其他组织中亦可见到，比如在肝脏和大脑中，在这些组织中它们分化为体细胞。在个别的生物体中，如果主要分化的条件一直保持不变，那么各个纲或目就会从格赛所谓的根状茎中产生出来。究竟是什么在诱发着具有多种潜能的干细胞转化为红血球或白血球呢？格赛的“根状茎”究竟如何产生出老鼠、鲸鱼或蝙蝠呢？这两个问题如出一辙。

干细胞的分化不仅包含对基本材料发出的若干指令，而且还包括生命形式进行组织化的蓝图。除了全能的 DNA，还有一种复杂性难以琢磨，它们就是在物理上连贯一致的蛋白质体系，后者是某种“充裕又奇怪的东西”，可它却产生了生物多样性。

进化论的奥秘就像一个由旅行者组成的简陋队伍，他们下定决心要沿途找遍各处分布的若干城市。尽管他们的发现具有一致性，但每个城市都有自己的形式与风格，这就像是哺乳动物的各个目一样。或许在这些发现当中，能找到可以在平地上或跑或走的爪子，可以在夜空里飞行的振翅，可以深潜入水的鳍，或是可以攀爬树木的手臂……抑或是可以进行哲学思索的意识。

# 跋：从平地跃起

进化论在历经两个世纪之后，为什么我们对它的讨论仍然乐此不疲？如果说进化论像地理学、历史学或地质学一样，可以作为某种知识学科的话，我们应该就不会探讨它的发生了。我们询问过地理学是否存在吗？

我们全部的争论都是关于隐匿的议程。提到进化论，人们总是会无可抗拒地想到进步：从简单到复杂，从原始到高级。专家们会反驳说："它体现的不是一种浪漫气息的进步，进化的结果是适应。""适应？意思就是说适者可以活得更长久，活得更好？"我们最终被告知，进化只是一种变化——基因频率中的变化，仅此而已。

于是乎，我们就有了一种关于进步和（或）适应的理论，又从这个理论中把进步和（或）适应剔除掉了。尽管如此，这当中仍有许多争议。改变是逐渐发生的还是突然发生？改变的发生是调整还是替代？遗传学者回答说："当然是调整，我们从分子的角度发现了。"而地质学者反驳道："当然是替代，中间环节缺失，DNA 的改变完全不具有倾向性，它们不会发生进化。"

还有最后一个细节。突变的发生如同个体发育一样，离不开原型、预设、隐藏的潜能以及生长律。这些概念把持着进化论的关键，也是进化论最后的希望。还原论者反驳道："它们不属于既定的范例。它们不是科学。”我们因此就要作出选择，要么死守住不顾一切、毫无出路的科学范例；要么对范例作出调整，在新浮现的科学空间维度中对进化问题重新评估。

新达尔文主义就如一块平地，现在该是从这块平地上一跃而起，直跃到生命多样性王国的时候了。

# 译后记

这是一本对进化论进行评论的书，其中有些内容可能仍具有一定的争议性。如果你曾经或很愿意对进化论、生物学、地质学和物理学等领域进行哲学性的思考，本书很适合你。科学探索与日常生活往往有着显著不同的语境，科学探索更加注重提出问题，事实上，在科研过程中，历世历代的科学家们在解答前人疑问的同时，往往也提出了更多更复杂的问题。从这个意义上讲，观点与假说往往比结论更重要。

几乎人人都知道进化论，但是，假如问“什么是进化论”，恐怕能明确回答出来的人并不多。这很大程度上是因为进化论很复杂，所涉及的问题也实在太多。另外，关于进化论的另一个有趣之处在于，它的很多结论与研究难以通过实验方法验证。生命历史有 10 多亿年，生物所谓的进化过程也不大可能重现，这使得对进化论的讨论也常常涉及哲学领域。《物种起源》一直被视为进化论的经典著作，实际上，根据我不完全的了解，能把这本书通读下来的人并不多。大部分人所接受的进化论都只是一些被简化了的结论，比如，物种经常发生变异，偶然的变异通过自然选择被保留并遗传，更适应环境的性状特征有利于物种的生存……然而，这些简化的结论背后，究竟有哪些假设和推理，究竟有怎样的论证过程，人们所给予的关注甚少。为什么生物如此不同？究竟是什么造成了生物间的巨大差异？彼此不同的生物在分子层面上为什么那么相似？……生物学经历了几个世纪的发展，对这些问题仍然在探索。这本书就是带领读者对比进行相关的思考。

笔者在从事古生物学与地层学方面研究工作的同时，也在负责专业科普网站化石网（http://www.uua.cn/）的具体工作。化石网论坛（http://bbs.uua.cn/）是化石爱好者的网上家园。很多热心的化石网网友，他们的教育、职业、年龄千差万别，但是唯一的共同之处就是对化石的热爱。人们喜欢化石不仅仅是因为化石的美感与收藏价值，还因为化石背后各种丰富多彩的故事，其中，大家耳熟能详的故事当然就是关于生物进化了。正是无数化石网网友对化石以及生物进化的热爱与热情，促成了这本书的中文译稿。

本书原文为意大利语，标题为 *Dimenticare Darwin*（忘记达尔文），英文版的标题为 *Why is a fly not a horse*？这个标题源于该书第六章的题目。本书所探讨的议题相当广泛，生物学、物理学、数学、地质学、遗传学、基因、DNA、分形、疯牛病、液晶、生物中的电磁力、昆虫化石、寒武纪生物大爆发、分子生物学等各个领域中大家熟知的问题均有涉及，其中也穿插有各种神话、传说、掌故，以及科学界的奇闻逸事等。原书语言犀利，文字优美，多有讽刺和暗喻。这些对于翻译和阅读都有一定的挑战。

在本书的出版过程中，北京大学的成功先生对文字进行了校对，中央编译出版社的苗永姝女士对书稿进行了细心的编辑工作。没有他们的帮助，本书不可能得到顺利出版，笔者在此表示衷心感谢！对本书翻译工作中的错误与疏漏，实因笔者能力有限，恳请读者不吝指正。本书的出版得到了国家自然科学基金委员会科普专项基金（41320002）和现代古生物学和地层学国家重点实验室资助。

徐洪河

2014 年 7 月